U0923891

中国历代家训丛书

古代家规

夏家善◎主编

夏家善　王宗志　夏春田◎注释

天津古籍出版社

图书在版编目(CIP)数据

古代家规 / 夏家善主编 ; 夏家善, 王宗志, 夏春田注释. --天津 : 天津古籍出版社, 2017.8
(中国历代家训丛书)
ISBN 978-7-5528-0513-0

Ⅰ.①古… Ⅱ.①夏… ②王… ③夏… Ⅲ.①家庭道德-中国-古代 Ⅳ.①B823.1

中国版本图书馆 CIP 数据核字(2017)第 083657 号

古代家规

夏家善主编;夏家善　王宗志　夏春田注释
出版人/张玮

天津古籍出版社出版
(天津市西康路 35 号 邮编 300051)
http://www.tjabc.net

三河市龙大印装有限公司印刷
全国新华书店发行
开本 910×1230 毫米　1/32　印张 8.5　字数 202 千字
2017 年 8 月第 1 版　2017 年 8 月第 1 次印刷

ISBN 978-7-5528-0513-0　定价:30.00 元

序

我国古代文化典籍浩如烟海，品类繁多。其中，各种形式的"家训""家诫""家规""家礼"，在普及传统文化、规范人们的生活和行为方式，整齐家风以至维持整个社会的谐调稳定方面，发挥了十分重要的作用。这一部分文化遗产很值得重视。

"三代而下，教详于家。"清代学者钱大昕这句话，概括地说明了我国古代具有重视家教的传统。"家训""家诫"一类著作，起源于东汉而盛行于魏晋南北朝时期，它是当时世族社会教育制度的产物。人们十分熟悉的诸葛亮的《诫子书》，即产生于汉魏之际；而最早系统编撰成书的家训著作，当推南北朝时期颜之推的《颜氏家训》。作者撰写该书的直接目的在于"整齐门内，提撕子孙"，而其更深远的意义则是为了"轨物范世""遗泽后昆"。这类著作以家族和家庭中长辈对晚辈耳提面命的谆谆教谕的形式，将传统伦理道德观念和儒家文化精神通俗地灌输传授给子孙后代，使其"同言而信，信其所亲；同命而行，行其所服"，即利用血亲伦常关系和长辈对晚辈的绝对影响力约束力，达到"助人君，明教化"的目的。各种家训中有关立志、勉学、修身养性、待人接物的训诫，无非是要求"养亲事君忠孝为本""言则忠信行则笃敬”“慎言检迹立身扬名”，以维持世族的社会地位。这种家教的传统之所以在我国古代社会一直延续下来，并且影响到近现代，是有其深刻的社会根源的。正如梁启超所说：“吾中国社会之组织，以家族为单位，不以个人为单位，所谓家齐而后国治是也。周代宗法之制，在今日形式虽废，其精神犹存也。”家族宗法制度的客观存在和历久不衰，就为家教传统的延续和“家训”一类著作的蕃衍提供了深厚的社会土壤。被视为“古今家训之祖”的《颜氏家训》一书问世后，曾辗转流布，反复梓刻，虽历千余年而不佚，存其影响示范之下，各种形式的家训、家教、家规、家约、治家格言之类著作层出不穷，无代无之。如若将这类著作加以汇集，恐怕有数百千家之多，显然这是一笔不容忽视的历史文化遗产。

从文化的视角来审察，我国两千多年的封建文化，其内容丰富而芜杂，但总的来说，占据主导地位的还是儒家文化。受这种文化氛围的熏陶，历代家训也深深地打上了儒家思想的印记，透过其或典雅精微或通俗易懂的言辞，其着力宣传之要旨大抵不外乎“正心”“诚意”“修身”“齐家”“治国”“平天下”的“大学之道”，“立人”“达人”“爱人”“谅人”的“忠恕之道”，以及“父慈子孝兄友弟恭朋友有信”的“絜矩之道”。也就是说，儒家所倡导的文化价值观念、理想人格模式和伦理道德规范，作为历代家训的主要精神支柱，是“儒者宣而明之”欲使其“家至而户说”的基本内容。当然，受释道思想文化的影响，古代家训中也夹杂着若干儒家文化以外的其他思想成分或因素，如道家之“无为”，佛家之心性修养等等，这也完全是事实。家训作为在历史上产生和发展的文化现象，它也不可能不带有其所经历的各个时代的烙印，但从实质和总体上来看，它还是以儒家的忠孝仁义为本，吸纳融汇某些佛道思想，不过是作为达到忠孝仁义的手段而已。

显然，就思想内容而言，历代家训并非如前人所夸誉的那样，是“篇篇药石，言言龟鉴”，但它也绝不是一堆粪土，不是一堆完全有害无益的封建糟粕。对于家训这种既包含着糟粕，又包含着许多人生智慧和真、善、美的启示的历史文化遗产，我们应该像对待古今中外的各种文化一样，采取马克思主义的具体分析和批判继承的态度。任何一种文化体系作为完整的结构，都可以分解为不同的层面，每一层面又可以分解为若干要素；换言之，文化要素构成文化层面，文化层面构成文化系统。对它们是可以加以分析分解的，也可以根据新时代的需要进行重组或新的综合。我们对待历代家训也要采取分析的态度，区别良莠，批判剔除其封建性的糟粕，改造继承吸收其富有生命力的或在今天仍有启迪借鉴意义的文化内容，使其成为社会主义新文化的重要构成要素。

既然古代家训是封建时代的产物，大多出自历代帝王、名臣仕宦、封建士大夫之手，而为封建统治阶级所倡导，它就不可能不带有封建地主阶级意识形态的特征，不可能不大量宣扬封建道德观念。例如，历代家训中反复强调必须遵从封建的纲常名教，倡导愚忠愚孝的封建伦理道德；反复鼓吹“学而优则仕”“唯上智与下愚不移”和“万般皆下品，唯有读书高”的封建士大夫观念；反复提倡安常处顺、知足常乐、明哲保身的处世之道和保守思想，等等。毫无疑问，这些都属于封建思想的糟粕，是应该批判和舍弃的。这方面的思想流毒在今天仍不能忽视。

另一方面，历代家训中还包含着相当多的思想精华和在今天仍有积极意义的内容，在教育后代如何处世做人的论训中，提供了前人丰富的人生经验和智慧，自觉或不自觉地宣传和弘扬了中华民族的传统美德，这些富有生命力的内容，都可供我们发现剔抉、含英咀华和借鉴吸收。从大的方面来说至少可以举出以下几点：

其一，鼓励立志。如诸葛亮《诫外甥书》说："夫志当存高远，……若志不强毅，意不慷慨，徒碌碌滞于俗，默默束于情，永窜伏于凡庸，不免于下流矣！"《温氏母训》说："岂有子孙专靠父祖过活之理！……若肯立志，大小自成结果。"

其二，奖掖进学。如诸葛亮《诫子书》说："才须学也，非学无以广才，非志无以成学。"《颜氏家训》说："幼儿学者，如日出之光；老而学者，如秉烛夜行。"

其三，劝勉勤俭。《朱柏庐治家格言》说："黎明即起，洒扫庭除。""一粥一饭，当思来处不易；半丝半缕，恒念物力维艰。"明吴麟徵《家诫要言》说："治家，舍节俭别无可经营。""茹荼历辛，自是儒生本色。"

其四，提倡清廉。《景氏家训》载胡康公诲诸子曰："予居官四十余年，无他长，但'清白'二字，平生守之不失。尔曹今日虽未有官守，务全名节，金帛易动人，远而勿亲。"高攀龙《家训》说："世间惟财色二者，最迷惑人，最败坏人。"

其五，导人行善。《朱柏庐治家格言》说："勿贪意外之财，勿饮过量之酒。""与肩挑贸易，毋占便宜；见贫苦亲邻，须加温恤。"《家诫要言》说："待人要宽和，世事要练习。""恶不在大，心术一坏，即入祸门。"《弟子规》说："凡是人，皆须爱，天同覆，地同载。""能亲仁，无限好，德日进，过日少。"

此外，历代家训还在强调知行合一，学以致用，应世涉务，分阴惜时，遵守礼仪，尊敬师长，孝顺父母，慎择朋友，睦邻友好，克己让人等许多方面，都有一些精彩的议论和非凡的识见，有的至今仍能给人以真的启迪、善的奉劝和美的鉴赏，展示出永久的价值和魅力。这些积极的内容自然是我们今天建设社会主义精神文明所必须继承和发扬的。经过批判的分析和创造性的转化，完全可以用来作为对青少年进行思想品德教育的有益资粮和历史教材，倡导良好的家风亦有利于促进整个社会的安定团结和协调发展。

《中国历代家训丛书》的主编夏家善同志，是我刚调到南开大学工作时就已相识的老朋友。他长期研治中国文学，详熟古代文化典籍，特别瞩意于历代家训的搜集整理，用力甚勤，颇有心得。这套丛书就是他从我国历代家训中精选汇辑出来的，共计十二册，虽分类汇编而又构成一完整系统，有明确的指导思想，并邀请专家学者对各书分别加以标点、注释和说明，以便于读者准确地把握其思想内容，从中汲取智慧和涵养。这是一件很有意义的工作。夏家善同志向我征序，作为老朋友，我觉得难以拒绝，于匆忙中写了上述粗浅的认识，不当之处请编者和读者批评指正。

方克立

前　言

在中国古代家训的宝典之中，还有一个没引起人们广泛注意的部分，那就是古代家规。

家规是家庭中的规矩。它是古人从“教家立范，品行为先”的宗旨出发，为家人规定的修养道德、处理家庭与邻里关系、确定择偶及交友标准、安排家中各项用度等诸多方面行为的准则。它通常以条分缕析的形式写成，是一种特殊形式的家训，比一般意义上的家训更具有权威性。为了给当今家长提供治家和教育子女的借鉴，我们在《中国历代家训丛书》中，专门集录了《古代家规》。

《古代家规》收录宋朝以来各代家规（含宗规及义庄条约）共 20 部。这些家规的作者，有著名的文学家，如范仲淹；有进步的思想家，如陈确、王夫之；有知名的学者，如孙奇逢；有朝廷的官吏，如赵鼎、徐三重、蒋伊、于成龙；还有连名字都没留下来的庶民百姓，如太平李氏、麻城鲍氏，等等。他们身份虽然差异较大，但期待后世保持优良家风的愿望都是共同的。

收入本书的 20 部家规，篇幅有长有短，但所包含的思想内容却相当丰富，它们大体上反映了我国古代家规的基本面貌，其中不少积极的成分可资借鉴。

第一，在家规的具体条款中，写进了不少中国传统美德的内容。

中华民族是一个十分重视道德修养的民族，在漫长的繁衍生息过程中，形成了自己的民族美德，诸如孝敬长辈、友爱兄弟、崇尚俭朴、廉洁奉公、助人为乐等等。古人在为家人制订家规的时候，将这些美德化为家规的具体条款，写进自家的家规之中。比如，南宋大臣赵鼎在《家规三十项》中首先规定："闺门之内，以孝友为先务""凡在士宦，以廉勤为本"；明代官吏徐三重在家则中告诫家人："子孙读书，倘幸出仕，当以国事为家事，民心为己心，不得但躐荣名，苟图身利"；明末清初进步思想家陈确给子女立下这样的规矩："婚姻不慕财势"；清代官吏于成龙则告诫后代："要把父母时时刻刻放在心里""兄弟要患难相恤，贫富相顾，不肖相劝"；就连名不见经传的平民鲍氏，也把"纵容妻妾骂祖父母、父母者，其夫及妻妾送官治罪"的规定，写进户规之中。诸如此类的规定，在古代每一部家规中触目可见。正是这些宣扬传统美德的条款，规范了他们家人及后代的思想及言行，才使他们的家庭教育获得了成功。我们之所以把这些家规提供给当今的家长们，其目的在于借鉴其中的精华，为现在的社会伦理建设服务。

第二，在家规的具体条款中，为家人规定了禁绝伤风败德的行为。

对于一个家庭来说，是用严格的行为规范要求家人和子女，使其成长为国家有用之材，还是放任自流，任其发展，使之成为伤风败德之人，这是衡量一个家庭教育成败的关键。古代一些有识之士，非常重视这个问题。他们总结前人家庭教育的经验和教训，为家人制定了一套完整的家规，用来净化家人的心灵，规范家人的行为，控制家人的性情，使之不出现诸如乱伦、嫖荡、赌博、偷窃、寻衅斗殴等伤风败德的行为。收入本书的20部家规，其中不乏这方面的内容。比如，赵鼎在《家规三十项》中规定："子弟所为不肖，败坏家风，则堂前训饬，俾其改过。"许相卿在《贻谋》中规定："家有好赌、好淫、好酒、好逞势专利、好结交官府等丧德败家者，家长先痛绝其端，于长泣谏，于少切责。"于成龙在《治家规范》中规定："子弟不许结交淫朋浪友，急早禁绝，以防其渐。"蒋伊在《家则》中规定："子弟不可与便佞之人相与，少年心情把握不定，以免落入赌局，渐入下流。"太平李氏在《家法》中还把"惩忤逆""禁乱伦""禁嫖荡""戒邪淫""禁赌博""禁盗窃""禁诈伪"等开列专门条款，列入禁绝之中，可见其重视程度。这些条款中规定的内容，不仅在当时有积极作用，就是在今天也颇具现实意义。

第三，在家规的具体内容中，还写进了一些保护妇女权益的条款。

在封建宗法社会的等级制度中，妇女处在社会的最底层，她们受三纲五常、三从四德等封建礼教的束缚，社会地位低下。这也明显地反映在古代家规中。但有不少古代家规，虽然也有歧视妇女、男女不平等的条文，但也相当多地写进了保护妇女权益的内容。比如，在蒋伊的《家则》中写了这样的条文："妇女三十岁以内，夫故者，令其母家择配改适，亲属不许阻挠。"太平李氏在《家法》中写有这样的条款："夫妇乃人道之始，万化之基也。相敬如宾，岂容反目。虽夫为妻纲，固当从夫之命；然妻言有理，亦当从其劝谏。"在麻城鲍氏的《户规》中，这方面的内容则更多："强夺良家妇女，奸占为妻妾，或配与子、孙、弟、侄、家人者，送官治罪”“诱拐妇女转卖，无论受财者未受财者，送官治罪。”在封建社会产生的家规中，能有这些保护妇女权益的内容，难能可贵。

历代家规中可资借鉴之处还有很多，诸如，规劝家人要遵守国法，教育子女要情法并重，违犯家法要长幼同罚，以及禁绝巫术及反对看风水之类的迷信活动等，都能给人以启发和教育。

当然，由于这些家规都产生于漫长的封建社会，加之时代和作者本人的思想局限，也就不可避免地存在着某些封建性的糟粕。比如，《于清端公治家规范》中隐含的“生死由命，富贵在天”的思想，《徐氏家则》及《郑氏规范》中宣扬的“男女有别，授受不亲”的思想，《许云邨贻谋》中反映的封建士大夫家庭的生活情趣，等等，都为当今的时代所不取。

本书选录宋代以来的家规、家法共 18 部；另收宗规、义庄条约 2 部，因为这些属于家族之规，我们姑且把它看成扩大了的家规。在编排上，家规、家法在前，宗规、义庄条约在后，均按时间顺序排列。为便于读者阅读，我们对所选家规、家法、宗规等，均进行了标点、注释。个别家规，我们改拟了标题。

选入本书中的 20 部家规，虽然都是古人为家人及后代制的行为规范，但借鉴其中有积极意义的内容为当今的家庭教育服务，也是很有现实意义的。

夏家善

目　　录

居家杂仪[1]

[宋] 司马光[2]

一、凡为家长，必谨守礼法，以御群子弟及家众[3]。分之以职，授之以事，而责其成功。制财用之节[4]，量入以为出，称家之有无以给[5]。上下之衣食，及吉凶之费，皆有品节而莫不均壹[6]。裁省冗费，禁止奢华，常须稍存赢余，以备不虞。

一、凡诸卑幼，事无大小，毋得专行，必咨禀于家长[7]。

一、凡为子为妇者，毋得蓄私财。俸禄及田宅所入，尽归之父母舅姑[8]。当用则请而用之，不敢私假[9]，不敢私与。

一、凡子事父母，妇事舅姑，天欲明咸起[10]，盥漱、栉总、具冠带[11]，昧爽适父母舅姑之所省问[12]。父母舅姑起，子供药物，妇具晨羞[13]。供具毕，乃退，各从其事。将食，妇请所欲于家长，退具而共之。尊长举箸，子、妇乃各退就食。丈夫、妇人各设食于他所，依长幼而坐。其饮食必均壹。幼子又食于他所，亦依长幼席地而坐，男坐于左，女坐于右。及夕食亦如之。既夜，父母舅姑将寝，则安置而退。居闲无事，则侍于父母舅姑之所。容貌必恭，执事必谨，言语应对必下气怡声[14]。出入起居，必谨扶卫之。不敢涕唾喧呼于父母舅姑之侧，父母舅姑不命之坐不敢坐，不命之退不敢退。

一、凡子受父母之命，必籍记而佩之[15]，时省而速行之。事毕，则返命焉[16]。或所命有不可行者，则和色柔声，具是非利害而白之[17]。待父母之许，然后改之。若不许，苟于事无大害者[18]，亦当曲从。若以父母之命为非，而直行之志，虽所执皆是，犹为不顺之子，况未必是乎。

一、凡父母有过，下气怡色，柔声以柬。谏若不入，起敬起孝[19]，悦则复谏。不悦，与其得罪于乡党州闾，宁熟谏[20]。父母怒不说而挞之，流血不敢疾怨[21]，起敬起孝。

一、凡为人子弟者，不敢以贵富加于父、兄、宗族[22]。

一、凡为人子者，出必告，反必面。有宾客不敢坐于正厅，升降不敢由东阶[23]，上下马不敢当厅[24]，凡事不敢自拟于其父[25]。

一、凡父母舅姑有疾，子妇无故不离侧，亲调尝药饵而供之。父母有疾，子色不满容[26]，不戏笑，不宴游，含置余事，专以迎医、检方、合药为务[27]。疾已复初[28]。

一、凡子事父母，父母所爱，亦当爱之；所敬，亦当敬之。至于犬马尽然，而况于人。

一、凡子事父母，乐其心，不违其志，乐其耳目，安其寝处，以其饮食忠养之[29]。幼事长，贱事贵，皆仿此。

一、凡子妇未敬未孝，不可遽有憎疾，姑教之。若不可教，然后怒之。若不可怒，然后笞之。屡笞而终不改，子放妇出[30]，然亦不明言其犯礼也。子甚宜其妻[31]，父母不悦，出[32]。子不宜其妻，父母曰："是善事，我子行夫妇之礼焉，没身不衰[33]。"

注释

[1]　《居家杂仪》：这是司马光为教诫子孙和家人而撰写的一部家教范本。这份"杂仪"不是人们在家居时生丧婚嫁的礼仪，而是家庭成员在日常生活中所应该遵守的规范，实际上，它是一部相当完备的家规。作为治家的行为准则，它对中国社会的家庭教育产生了重要

影响。

［2］ 司光光（1019—1086）：北宋大臣，史学家。字君实，陕州夏县（今山西省夏县）人。神宗初，任翰林兼侍学士。哲宗即位，诏入朝，为相八个月病死，追封温国公。其所编《通志》赐名《资治通鉴》。诗文有《司马文正公集》《家范》等。

［3］ 御：约束。

［4］ 制：控制。

［5］ 称（chèn）家之有无：根据家中财力而行事。

［6］ 品节：按等级、层次而加以节制。　均壹：亦作“均一”。均匀无别。

［7］ 咨禀：请教，禀告。

［8］ 舅姑：称夫之父母。俗称公婆。

［9］ 私假：私自借用。

［10］ 咸：皆，都。

［11］ 栉：梳头。　总：束发。

［12］ 昧爽：黎明。　适：去，到。

［13］ 晨羞：早餐。

［14］ 下气怡声：和悦细气、态度恭顺。

［15］ 籍记而佩之：记之于簿随身携带。

［16］ 命：面告。

［17］ 具是非利害而白之：具陈是非利害使之明白。

［18］ 苟：如果，只要。

［19］ 起敬起孝：更加恭敬、更加孝顺。

［20］ 熟谏：婉转地劝说。

［21］ 疾怨：怨恨。

［22］ 贵富：即富贵。　加：侵凌，凌辱。

［23］ 东：古代以东为上，幼辈居东则非礼。

[24]　当：正对着。

[25]　拟：比拟。

[26]　满容：神色高昂。

[27]　检方：察验药方。　合药：调配药物。

[28]　已：病愈。

[29]　忠养：诚敬奉养。

[30]　子放妇出：放逐儿子、休弃媳妇。

[31]　甚宜：过分纵爱。

[32]　出：驱逐。

[33]　没身：死亡。　不衰：家产不败。

一、凡为宫室，必辨内外。深宫固门，内外不共井、不共浴室、不共厕。男治外事，女治内事。男子昼无故不处私室，妇人无故不窥中门。男子夜行以烛，妇人有故出中门，必拥蔽其面[1]。男仆非有缮修及有大故，不入中门。入中门，妇人必避之；不可避[2]，亦必以袖遮其面。女仆无故不出中门，有故出中门，亦必拥蔽其面。铃下苍头[3]，但主通内外之言，传致内外之物，毋得辄升堂室、入庖厨。

一、凡卑幼于尊长，晨亦省问，夜亦安置。坐而尊长过之[4]，则起；出遇尊长于途，则下马。不见尊长经再宿以上[5]，则再拜，五宿以上，则四拜，贺冬至、正旦[6]，六拜，朔望四拜[7]。凡拜数，或尊长临时减而止之，则从尊长之命，吾家同居，宗族众多，冬至、朔望聚于堂上，丈夫处左西上，妇人处右东上[8]，皆北向共为一列，各以长幼为序，共拜家长，毕，长兄立于门之左，长姊立于门之右，皆南向，诸弟妹以次拜讫，各就列，皆再拜而坐。家长命侍者遍酢诸卑幼[9]，诸卑幼皆起，序立如前，俱再拜就坐。饮讫，家长命易服，皆退易便服，还复就坐。

一、凡子始生，若为之求乳母，必择良家妇人稍温谨者。子能食，饲之，教以右手。子能言，教之自名及唱喏万福安置。稍有知，则教之以恭敬尊长。有不识尊卑长幼者，则严诃禁之[10]。六岁，教之数与方名[11]。男子始习书字，女子始习女工之小者。七岁，男女不同席，不共食。始诵《孝经》《论语》，虽女子亦宜诵之。自七岁以下，谓之孺子[12]，早寝宴起食无时。八岁，出入门户及即席饮食，必后长者，始教之以廉让，男子诵《尚书》，女子不出中门。九岁，男子诵《春秋》及诸史[13]，始为之讲解，使晓义理。妇子亦为之讲解《论语》《孝经》及《烈女传》《女戒》之类，略晓大意。十岁，男子出就外傅[14]，居宿于外，读《诗》《礼》《传》，为之讲解，使知仁、义、礼、智、信。自是以往[15]，可以读《孟》《荀》《杨子》，博观群书。凡所读书，必择其精要者而读之。其异端、非圣贤之书传[16]，宜禁之，勿使妄观[17]，以惑乱其志。观书皆通，始可学文辞。女子则教之以婉娩、听从[18]，及女工之大者。未冠笄者[19]，质明而起[20]，总角䩯面[21]，以见尊长，佐长者供养[22]，祭祀则佐执酒食。若既冠笄，则皆责以成人之礼，不得复言童幼矣。

一、凡内外仆妾，鸡初鸣咸起，栉总、盥漱、衣服[23]。男仆洒扫厅事及庭，铃下苍头洒扫中庭，女仆洒扫堂室。设倚卓[24]，陈盥漱、栉䩯之具。主父、主母既起，则拂床、襞衾[25]，侍立左右，以备使令，退而具饮食。得闲则浣濯、纫缝[26]，先公后私。及夜，则复拂床、展衾。当昼，内外仆妾惟主人之命[27]，各从其事，以供百役[28]。

一、凡女仆，同辈谓长者为姊，后辈谓前辈为姨，务相雍睦[29]。其有斗争者[30]，主父、主母闻之，即诃禁之。不止，即杖之。理曲者杖多[31]。一止一不止，独杖不止者。

一、凡男仆，有忠信可任者，重其禄。能干家事，次之。其专务欺诈、背公、徇私、屡为盗窃、弄权犯上者，逐之。

一、凡女仆，年满不愿留者，纵之。勤旧少过者[32]，资而嫁之[33]。其两面二舌、饰虚造谗、离间骨肉者，逐之。屡为盗窃者，逐之。放荡不谨者，逐之。有离叛之志者，逐之。

注释

[1] 拥蔽：遮掩。

[2] 不可避：指事先无可料及而无法回避之事，如水、火、盗之类。

[3] 铃下：侍卫或仆役。这里指家丁。 苍头：指奴仆。

[4] 过：经过。

[5] 再宿：两天。

[6] 正旦：旧历正月初一。

[7] 朔望：旧历每月的初一及十五日。

[8] 丈夫处左西上，妇人处右东上：这两句中的左、右，指家长的左、右。

[9] 遍：全部。 酢（zuò）：以酒回敬。

[10] 诃（hē）：大声斥责。

[11] 方名：四方之名。指辨识方向。

[12] 孺子：幼儿、儿童。

[13] 诸史：各种史书。

[14] 出就外傅：出外从师学习。

[15] 自是以往：从现在以后。

[16] 异端：古代儒家称其他学说、学派为“异端”。

[17] 妄观：随便看。

[18] 婉娩（wǎn）：仪容柔顺。娩，柔顺。

[19] 冠笄（guàn jī）：指古代男女成年时分别举行的冠礼、笄礼。亦以指成年男女。

[20] 质明：天明亮的时候。

［21］ 总角：古代儿童束发为两结，向上分开，形状如角，故称“总角”。借指童年。 頮（huì）面：洗脸。

［22］ 佐：帮助。 供（gòng）养：指奉养的物品。

［23］ 衣（yì）服：穿衣服。

［24］ 倚卓：即“椅桌”。

［25］ 襞（bì）：折叠衣物。 衾（qīn）：被子。

［26］ 浣濯（zhuó）：洗涤。

［27］ 惟：听从。

［28］ 百役：指各种劳役。

［29］ 雍睦：和睦。

［30］ 斗争：争斗，搏斗。

［31］ 理曲（qū）：理由欠缺，没有道理。

［32］ 勤旧：本指有功勋的旧臣。这里指勤谨有功者。

［33］ 资：资助财物。

家训笔录[1]

（家规三十项）

[宋]赵　鼎[2]

第一项　闺门之内[3]，以孝友为先务[4]。平日教子孙读书为学，正为此事。前人遗训，子孙自有一书，并司马温公《家范》[5]，可各录一本，时时一览，足以为法，不待吾一一言之。

第二项　凡在士宦，以廉勤为本。人之才性，各有短长，困难勉强，唯“廉勤”二字，人人可至。廉勤所以处已，和顺所以接物，与人和则可以安身，可以远害矣[6]。

第三项　诸位中以最长一人主管家事及收支租课等事务[7]，愿令已次人主管者，听，须众议所同乃可。

第四项　子孙所为不肖，败坏家风，仰主家者集诸位子弟，堂前训饬[8]，俾其改过[9]。甚者，影堂前庭训[10]，再犯再庭训。

第五项　岁时享祀[11]，主家者率诸位子弟协力排办，务要如礼，以其享祀酒食，合族破盘[12]。

第六项　旦望酌酒献食如平日[13]，长幼毕集，不得懈慢。

第七项　远忌供养饭僧追荐如平日[14]，合族食素。

第八项　应本家田产等[15]，子子孙孙，并不许分割。自有正条，可以检照遵守。

第九项　岁收租课，诸位计口分给，不论长幼，俱为一等。五岁以上，给三之一；十岁以上，给半；十五岁以上，全给。止给骨肉，女虽嫁未离家，并婿甥并同。其妳婢奴仆，并不理口数，不在分给之限。

第十项　宅库租课收支等，应具文历并收支单状。主家者与诸位最长子第一人，通行签押，其余非泛增损事物，亦须商议。

第十一项　甲年所收租课，乙年出粜收索，至丙年正月初，据所收之数，十分内桩留一分（约度有余即量增）[16]，以备门户缓急。内有官人到官支住，罢官到家，仍旧支给。

第十二项　桩留钱岁终有余，即拨入租课，历正初混同计数，分给桩留。

第十三项　田产概不许分割，即世世为一户[17]，同处居住，所贵不远坟垄。

第十四项　士宦稍达，俸入优厚，自置田产，养赡有余，即以分给者均济诸位之用度不足或有余者。然不欲立为定式，此在人义风何如耳[18]，能体吾均爱子孙之心强行之，则吾为有后矣。

第十五项　他目无使臣使唤，即于宣借内择一二人善干事能书算者，令主管宅库租课等事，稍优其月给，庶或尽心。所给钱米，正初分给时拨出，或季给，或月给。

第十六项　主管宅库人，专管宅库应干事务，诸位不得私役及非理凌虐。

第十七项　罢官于他处寄居者，更不分给租课。

第十八项　每岁收索租课，预告报管田人，候见本宅诸位子孙同签头引，及主管宅库人亲身到彼，方得交付。如诸位子弟怀私取索，即不得应付。如辄支借来年计算，本宅并无认数。

第十九项　诸位子弟不得于管田人处私取租课，如敢违背，重行戒约。及时私取钱物，于分给数内克除外，更令倍罚。谓如私取十贯，已克除十贯，更克除十贯之类。

第二十项　每正初契勘当年内如有合赴官者[19]，据阙期远近[20]，展一季分给[21]。如代者补填，俟接人到[22]，据所展日月，于桩留贴支。契勘当年有任满者，即约度计口存留（在官者先以书报）。候到家日，依旧分给。所留不即于桩留内贴支，有余拨入桩留历。

第二十一项　每正初合分给时，即契勘当年内诸位如有婚嫁，每分各给五百贯足。男女同。

第二十二项　增添人口，展修房户等，应有所费，并于桩留内支破。其余些小修造，诸位自办。

第二十三项　应婚嫁，主家者主之。有故，以次人主之。除资送礼物等，已给钱诸位自行措置外，其筵会及应干费用，并于桩留内支破。主家者与本位子孙协力排办，务要如礼。

第二十四项　非泛支用[23]，除婚嫁资送等已有定数外，如祭祀、忌日、旦望等，名色不一[24]，难为预定，仰主家者公共商量，随事裁处，务要合中，两无妨阙。

第二十五项　应祭祀忌日旦望，供养之物及礼数等，吾家自祖父以来，相传皆有则例[25]，人人能记，不必具载，亦不必增损。

第二十六项　他日吾百年之后，除田产房廊不许分割外，应吾所有资财，依诸子法分给。

第二十七项　三十六娘[26]，吾所钟爱，他日吾百年之后，于绍兴府租课内拨来二百石充嫁资，仍经县投状[27]，改立户名。

第二十八项　同族义居[28]，唯是主家者持心公平，无一毫欺隐，乃可率下。不可以久远不慎，致坏家风。

第二十九项　古今遗法，子弟固有成书，其详不可概举，唯有节俭一事，最为美行[29]。司马温公《训俭》文[30]，人写一本，以为永久之法。

第三十项　应该载不尽事件，并仰主家者公共相度，从长措置行之。

右三十项[31]，恐太繁，更在临时择而行之。大应止是应田产不许分割[32]，每岁计口分给约束，应本家所有田产，并不许分割，每岁据所入计口分给。其详在私门规式册中，可以检照遵守。子孙世守之，不得有违。

绍兴十四年九月初七日[33]

注释

［1］ 《家训笔录》：这是宋人赵鼎为家人制定的家规，共三十项，内容涉及居家生计规划，训导子孙勤俭守业、读书明理、修身做人等。其中不少内容在今天仍有教育意义，如要求家人“凡在士宦，以廉勤为本”等等。

［2］ 赵鼎（1085—1147）：南宋大臣。字元镇，号得全居士，解州闻喜（今属山西省）人。崇宁进士。南渡后，于绍兴初年两度任宰相，荐用岳飞颇得称赞。宋金议和时，因与秦桧素不和而又有分歧，被罢为奉国军节度使，旋谪居岭南潮州，后绝食身亡。孝宗即位，追谥“忠简”。著有《忠正德文集》。

［3］ 闺门：宫苑、内室的门。此借指家庭。

［4］ 孝友：事父母孝顺，对兄弟友爱。

［5］ 司马温公：即司马光。因卒后追封温国公，故称司马温公。 《家范》：亦称《温公家范》，系司马光为教诫子孙与家人而作，共十卷。该书全面系统地论述了封建家庭伦理关系、治家方法、子弟身心修养与待人处世之道等等。历来被封建士大夫阶层推崇为家教范本。

［6］ 远（yuàn）害：避免祸害。

［7］ 租课：此指地租。

［8］ 训饬：教训戒勉。

［9］ 俾（bǐ）：使。

[10] 影堂：即家庙。其中供奉祖先遗像。

[11] 享祀：祭祀。

[12] 破盘：分食祭余的酒菜果品。

[13] 旦望：塑望。即农历每月的初一和十五。

[14] 追荐：诵经礼忏，超度死者。后亦泛称追悼、祭奠。

[15] 应：所有，全部。

[16] 桩留：存储，储备。

[17] 世世：累世，代代。

[18] 义风：正义的气概和风范。

[19] 契勘：宋元公文书用语，犹言查，按查。

[20] 阙期：上任之期。

[21] 展：宽延，推迟。

[22] 俟（sì）：等待。

[23] 非泛：非一般，特殊。

[24] 名色：名目，名称。

[25] 则例：成规，定例。

[26] 三十六：约计之数，极言其多。

[27] 投状：此指办理户口手续。

[28] 义居：旧指孝义之家世代同居。

[29] 美行（xíng）：高尚的操行。

[30] 《训俭》：司马光写给第八子的一篇家训。他告诫儿子要崇尚节俭，“以俭素为美”，戒奢侈。

[31] 右：指以上三十项家规。古书竖写，从右到左，故称。

[32] 大应：大体，大概。　止：仅，只。

[33] 绍兴十四年：即公元 1144 年。绍兴为宋高宗年号（1131—1162 年）。

郑氏规范[1]

[元]郑文融[2]

序

浦阳郑氏，世居县东二十五里。乡名感德，里曰仁义，其远祖冲素处士绮[3]，自宋建炎初至今[4]，同居已十世，历二百六十余年，守诗书礼乐之教书坠。宋、元二史，具载《孝义传》中。其持守之规，前录五十八则，六世孙龙湾课税提领太和所建；后录七十则，续录九十三则，七世孙青梿府君钦浙江行省都事铉所补，皆已勒名锓梓[5]当时分卿大夫所遗诗文，亦类为《麟溪集》二十二卷，刊示后昆。今八世孙太常博士涛，复为三规，阅世颇久，其中当有随时变通者，乃率诸弟泳、涣、湜等，白于二兄濂、源，同加损益而合于一；闻诸父之训[6]，曾行而未登载者，因增入之；总为一百六十八则。文辞之属选有系于事实者则录之，釐为三卷，通名曰《郑代旌义编》。既刊板，可模印，请言其故于篇端，余与源为姻家，涛为同门友，而泳等又皆执经从余学，义不容辞。呜呼！是编之行，其于厚人伦、美教化之道，诚有益哉！

洪武十一年冬十月庚子朔前[7]，翰林学士承旨嘉议大夫和制诰兼修国史、兼太子赞善大夫，同郡宋濂引[8]。

注释

[1] 郑氏规范：《丛书集战初编》收有此书，《金华丛书》

收有《旌义编二卷》，与此书名异实同。本书采用中华书局1985年新一版《丛书集成初编·郑氏规范》本，本书据《丛书集成》本排印，间有一二伪误据金华本校正，并附金华重刻序于后。

[2] 郑文融：元代浦江（今属浙江省）人。字太和。其兄郑文嗣殁后继主家事，严而有恩，家庭中凛然如公府。至大（1308—1311）年间旌表其门，有“浙东第一家”之称。

[3] 绮：即郑绮。宋代人。郑文融之远祖。字宗文，通春秋谷梁之学。

[4] 建炎：宋高宗年号（1127—1130）。

[5] 锓（qǐn，又读 qiān）梓：刻版印刷

[6] 诸父：指父辈的伯父和叔父。

[7] 洪武：明太祖年号（1368—1398）。

[8] 宋濂（1310—1381）：元明之际浙江浦江人。字景溪，号潜溪。元末荐授翰林编修，不受。后受朱元璋礼聘，被尊为先生。曾主修《元史》，官至学士承旨和制诰。生平著述甚多，为明初一代文宗。有《宋学士文集》等。

一、立祠堂一所，以奉先世神主。出入必告正，至朔望必参[1]，俗节必荐时物[2]。四时祭祀，其仪式并遵文公家礼[3]。然各用仲月望日行事[4]。事毕，更行会拜之礼。

一、时祭之外，不得妄祀邀福[5]，凡遇忌辰，孝子当用素衣致祭，不作佛事，象钱寓马亦并绝之[6]，是日，不得饮酒、食肉、听乐，夜则出宿于外[7]。

一、祠堂所以报本[8]，宗子当严洒埽扃钥之事[9]。所有祭器服不许他用。

一、祭祀务在孝敬，以尽报本之诚。其或行礼不恭，离席自便，与夫跛倚、欠伸、哕噫、嚏咳一切失容之事，督过议罚[10]。督过不言[11]，众则罚之。

一、拨常稔之田一百五十亩（世远逐增）[12]，别蓄其租，专充祭祀之费。其田券印“义门郑氏祭田”六字。字号步亩[13]，亦当勒石祠堂之左[14]，俾子孙永远保守。有言质鬻者[15]，以不孝论。

一、子孙入祠堂者，当正衣冠，即如祖考在上，不得嬉笑、对语、疾步。晨昏皆当致恭而退。

一、宗子上奉祖考，下壹宗族。家长当极力教养，若其不肖，当遵横渠张子之说[16]，择次贤者易之。

一、诸处茔冢，岁节及寒食、十月朔，子孙须亲展省（妇人不与）。近茔竹树，不许剪拜。各处庵宇，更当葺治。至于作冢制度，已有家礼可法，不必过奢。

一、坟茔年远，其有平塌浅露者，宗子当择洁土益之。更立石，深刻名字，勿致湮灭难考。

一、四月一日，系初迁之祖遂阳府君降生之朝。宗子当奉神主于有序堂，集家众行一献礼，复击鼓一十五声，令子弟一人朗诵谱图一过[17]，曰“明谱会”。团揖而退。

一、朔望，家长率众参谒祠堂毕，出坐堂上，男女分立堂下，击鼓二十四声，令子弟一人唱云：“听听听，凡为子者必孝其亲，为妻者必敬其夫，为兄者必爱其弟，为弟者必恭其兄。听听听，毋徇私以妨大义，毋怠惰以荒厥事，毋纵奢以干天刑[18]，毋用妇言以间和气[19]，毋为横非以扰门庭，毋耽曲蘖以乱厥性[20]。有一于此，既殒尔德，复隳尔允[21]。眷兹祖训[22]，实系废兴。言之再三，尔宜深戒。听听听。”众皆一揖，分东西行而坐，复令子弟敬诵孝弟故实一过[23]，会揖而退。

注解

[1] 朔望：朔和望月。旧历每月初一日和十五日。 参：参拜。以礼瞻仰。

[2] 荐：进献祭品。 时物：应时的食物。

[3] 文公：指其远祖郑绮。 家礼：本指大夫家的礼仪。此专指郑绮时所订的家传礼仪。

[4] 仲月：每季的第二个月。即农历二、五、八、十一月。 望日：月圆之日。通常指农历每月的十五日。

[5] 妄祀邀福：随便祭祀以祈求赐福。

[6] 象钱寓马：冥钱冥马（木偶马或苇札纸糊之马）。

[7] 出宿：出居在外。此指夫妇不同室。

[8] 报本：受恩思报，不忘本源。

[9] 宗子：泛称嫡长子或特指族长。 扃（jiōng）钥：门户上的锁和钥匙。

[10] 督过：督察责罚。

[11] 言（yín）：通“誾”。和敬的样子。

[12] 稔（rěn）：庄稼成熟。此引申为丰收。

[13] 字号：以父字所作的符号。 步亩：以脚步测量所得田地的亩数。

[14] 勒石：刻字于石。此指立碑。

[15] 质鬻（yù）：典押或出卖。

[16] 横渠张子：指张载（1020—1077）。北宋哲学家。字子厚。凤阳郿县（今陕西眉县）横渠镇人。世称横渠先生。

[17] 谱图：记述氏族或宗族世系的图表。

[18] 干：干犯。 天刑：上天的法则。

[19] 间（jiàn）：离间。

[20] 曲糵：酒。

[21] 隳（huī）：毁坏。 允：诚信。

[22] 眷：返顾，顾念。

[23] 孝弟：即“孝悌”。孝顺父母，敬爱兄长。 故实：有参考意义的旧事。

一、每旦，击钟二十四声，家众俱兴[1]；四声，咸盥漱；八声，入有序堂，家长中坐，男女分坐左右，令未冠子弟朗诵男女训戒之辞。《男训》云：“人家盛衰，皆击（疑为系）乎积善与积恶而已。何谓积善？居家则孝弟，处事则仁恕，凡所以济人者皆是也。何谓积恶？恃已之势以自强。剋人之财以自富，凡所以欺心者皆是也。是故，能爱子孙者遗之以善，不爱子孙者遗之以恶。《传》曰：‘积善之家，必有余庆，积不善之家，必有余殃。[2]’天理昭然。各宜深省。”《女训》云：“家之和与不和，皆系妇人之贤否。何谓贤？事舅姑以孝顺，奉丈夫以恭敬，待娣姒以温和[3]，接子孙以慈爱。如此之类是已，何谓不贤？淫狎妒忌，恃强凌弱，摇鼓是非[4]，纵意徇私，如此之类是已。天道甚近，福善祸淫，为妇人者，不可不畏。”诵毕，男女起向家长一揖，复分左右行会揖而退。无声。男会膳于“同心堂”，女会膳于“安贞堂”。三时并同[5]。其不至者，家长规之。

一、家长总治一家大小之务，凡事令子弟分掌，然须谨守礼法，以制其下。其下有事，亦必咨禀而后行，不得私假[6]，不得私与[7]。

一、家长专以至公无私为本，不得徇偏。如其有失，举家随而谏之。然必起敬起孝[8]，无妨和气。若其不能任事，次者佐之。

一、为家长者当以诚待下。一言不可妄发，一行不可妄为，庶合古人以身教教之之意。临事之际，毋察察而明[9]，毋昧昧而昏，更须以量容人，常视一家如一身可也。

一、家中产业，既印“义门公堂产业子孙永守”等字，仍书字号，置立砧基簿书[10]，告官印押（积置当如此法），家长会众封藏，不可擅开。不论长幼，有敢言质鬻者，以不孝论。

一、子孙倘有私置田业、私积货泉[11]，事迹显然彰著，众得言之家长，家长率众告于祠堂，击鼓声罪而榜于壁[12]；更邀其所与亲朋告语之；所私即便拘纳公堂[13]。有不服者，告官以不孝论。其有立心无私，积劳于家者，优礼遇之；更于劝惩簿上明记其绩[14]，以示于后。

一、子孙赌博无赖及一应违于礼法之事，家长度其不可容，会众罚拜以愧之。但长一年者，受三十拜；又不悛，则会众而痛箠之；又不悛，则陈于官而放绝之，仍告于祠堂，于宗图上削其名。三年能改者，复之。

注释

[1] 兴：起身。

[2] “积善之家”等四句：语出自《易·坤》。 余庆：留给子孙后辈的德泽。 余殃：留下祸害，后患。

[3] 娣（dì）姒（sì）：有二解。①同夫诸妾的互称。年长者为姒，年幼者为娣。②妯娌。兄妻为姒，弟妻为娣。此指后者。

[4] 摇鼓：摇唇鼓舌。此指多言以拨弄是非。

[5] 三时：此指早、午、晚。

[6] 私假：私自借用。

[7] 私与：私自赠与（别人财物）。

[8] 起敬起孝：更加恭敬孝顺。

[9] 察察而明：在细枝末节上用心，而自以为明察。典出《晋书·皇甫谧传》：“若乃圣帝之创化也，参德乎二皇，齐风乎虞夏，欲温温而和畅，不欲察察而明

切也。”

［10］ 砧基：土地的四至。

［11］ 货泉：钱币的通称。

［12］ 榜：公开张贴告示、文书之类。

［13］ 公堂：家族的祠堂。此指家族所公有。

［14］ 劝惩簿：记载奖惩事宜的簿册。

一、凡遇凶荒事故，或有缺支，家长预为区画，不使匮乏。

一、朔望二日，家长检点一应大小之务，有不笃行者议罚[1]。诸簿籍或过日不结算，及失时不具呈者，亦量情议罚。

一、内外屋宇大小修造工役，家长常加点检，委人用工，毋致损坏。

一、每岁掌事子弟交代，先须谒祠堂，书祝致告，次拜家长，然后领事。

一、设典事二人，以助家长行事。必选刚正公明，才堪治家，为众人之表率者为之。并不论长幼，不限年月，凡一家大小之务，无不与焉。每夜须了诸事，方许就寝，违者家长议罚。

一、每夜聚会之际，典事对众商榷。何日可行某事，书之于籍。上半月所书，下半月行之；下半月所书，次上半月行之，庶无迂滞之患[2]。事当即行者不拘。

一、择端严公明可以服众者一人，监视诸事（四十以上方可，然必二年一轮）。有善公言之[3]，有不善亦公言之。如或知而不言与言而非实，众告祠堂，鸣鼓声而易置之。

一、监视莅事告祠堂毕，集家众于有序堂，先拜尊长四拜，次受卑幼四拜，然后鸣鼓细说家规，使肃听之。

一、监视纠正一家之是非，所以为齐家之则，而家之盛衰系焉，不可顾忌不言。在上者必当犯颜直谏，谏若不从，悦则复谏；在下者则教以人伦大义，不从则责，又不从则挞。

一、立劝惩簿，令监视掌之，月书功过，以为善善恶恶之戒[4]。有沮之者[5]，以不孝论。

一、造二牌，一刻“劝”字，一刻“惩”字，下空一截，用纸写贴。何人有何功，何人有何过，既上劝惩簿，更上牌中，挂会揖处，三日方收，以示赏罚。

一、设主记一人，以会货泉谷粟出纳之数[6]。凡谷匣收满，主记封记，不许擅开，违者量轻重议罚。如遇开支，主记不亲视，罚亦如之。钥匙皆主记收，遇开则渐次付之，支讫复还主记。

一、选老成有知虑者[7]，通掌门户之事[8]。输纳赋税[9]，皆禀家长而行。至于山林陂池防范之务[10]，与夫增拓田业之勤，计会财息之任，亦并属之。

注释：

[1] 笃（dǔ）行（xíng）：专门实行。

[2] 迂滞：此指办事迟滞，不畅快。

[3] 公：不加隐蔽，毫无顾忌。

[4] 善善恶（wù）恶（è）：奖善嫉恶。

[5] 沮（jǐ）：毁坏

[6] 会（kuài）：总计。　谷粟：谷类的总称。

[7] 知（zhì）虑：智慧与谋略。

[8] 门户：此指整个家庭。

[9] 输纳：缴纳。

[10] 陂（bēi）池：池沼，池塘。

立家之道，不可过刚，不可过柔，须适厥中。凡子弟当随掌门户者，轮去州邑练达世故[1]，庶无懵暗不谙事机之患[2]。若年过七十者，当自葆绥[3]，不宜轻出。

增拓产业，长上必须与掌门户者详其物与价等[4]，然后行之。或掌门户者他出，必俟其归，方可交易。然又预使子弟亲去看视肥瘠及见在文凭无差，切不可卤莽，以为子孙之害。

凡置产业，即时书于受产簿中。不许过于次日，乃用招人佃种。其或失时不行，家长朔望点检议罚。

增拓产业，彼则出于不得已，吾则欲为子孙悠久之计。当体究果直几缗，尽数还足，不可与驵侩交谋[5]，潜萌侵人利己之心。否则，天道好还[6]，纵得之，必失之矣。交券务极分明，不可以物货逋负相准[7]。或有欠者，后当索偿。又不可以秋税暗附他人之籍，使人倍输官府[8]，积祸非轻。

每年之中，命二人掌管新事，所掌收放钱粟之类。又命二人掌管旧事，所掌冠婚丧祭及饮食之类[9]。然皆以六月而代，务使劳逸适均。

新旧管轮[10]，当须视为切己之事。计会经理，自二十五岁至六十岁止。过此血气既衰，当优遇之，毋任以事。

新旧管皆置日簿，每日计其所入几何，所出几何，总结于后，十日一呈监视。果无私滥，则监视书其下曰："体验无私"。若显露，先责监视，次及新旧管。

新管置一总租簿，明写一年逐色谷若干，又新置田若干石[11]。此是一定之额，却于当年十二月望日，以所收者与前数总较之，便知实欠多少，以凭催索。后索到者，别书于畸零簿[12]，至交代时，却入总租簿内通算。

新管所收谷麦，每匣收讫，即结总数报于主记。置税赋簿，令其亲书某号匣系某人于某年月日收何等谷麦若干石。量出之时，亦须置簿书写某匣舂磨自某日支起，至某日用毕，以凭稽考。

新管所管谷麦，必当十分用心。及时收晒，免至黦烂[13]；收支明白，不至亏折；关防勤谨，不至遗失。赏则及之，若有前弊，罚本年衣资绵线不给。如遇称收繁冗，则拨子弟分收之。

佃人用钱货折租者，新管当逐项收贮，别附于簿，每日纳诸家长。至交代时，通结大数，书于总租簿，云“收到佃家钱货若干，总记租谷若干”。如以禽畜之类准折者，则付与旧管，支钱入帐，不可与杂色钱同收。

田地有荒芜者，新管逐年招佃。或遇堋江[14]，亦即书簿，以俟开垦。既毕，复入原簿，免致失于照管。

田租既有定额，子孙不得别增数目。所有逋租[15]，亦不可起息以重困里党之人[16]。但务及时勤索，以免亏折。

佃家劳苦不可备陈，试与会计之，所获何尝补其所费。新管当矜怜痛悯，不可纵意过求。设使尔欲既遂，他人谓何？否则贻怒造物[17]，家道弗延。除正租外，所有佃麦佃鸡之类，断不可取。

邻族兮岁之饮[18]，旧管于冬至后排日为之[19]。

注释

［1］ 练达世故：丰富阅历，以通晓世故人情。

［2］ 懵（mèng）暗：糊涂，不明世故人情。

［3］ 葆：通“保”。安宁。 绥：安。

［4］ 详：审察。

［5］ 驵（zǎng）侩：本指说合牲畜交易的人。后泛指经纪人。此特指说合土地买卖的人。

［6］ 天道好（hào）还：天道循环，报应不爽。

［7］ “不可”句：逋负，拖欠；准，折兑。此句意为，不能拖欠地价银钱或以货物相折兑。

［8］ 陪输：陪，此用同“赔”，垫赔钱物；输，交纳。陪输，垫赔钱物（向官府）交纳（赋税）。

［9］ 冠婚丧祭：冠，冠礼，男子二十岁举行的加冠之礼，表示其成人；昏：昏礼，婚娶之礼，古时于黄昏时举

行，故称；丧，丧礼，有关丧事的礼仪；祭，祭礼，祭祀和祭奠的仪式。

[10] 轮：依次更替。

[11] 石（dàn）：计算农田亩分的单位。一说一石田为六亩三分。

[12] 畸零：整数以外的零余之数。

[13] 黰（zhěn）：此指粮食发霉而生的黑点。

[14] 堋（péng）：分水或堵水灌溉的堤坝。

[15] 逋（bū）租：欠租。

[16] 起息：计息。

[17] 造物：此指造物者。创造万物的神。

[18] 兮岁：农历除夕守岁至半夜。

[19] 排日：每天，逐日。

一、男女六十者，礼宜异膳。旧管尽心奉养，务在合宜，违者罚之。

一、新管簿书不分明者，不许交代。一应催督钱谷，须是先期逐项详注已未收索之数，于交代日分明条说，并承帐人交付，虽累更新管，要如出于一手，庶不使人欺隐。旧管簿书不分明者，亦不许交代。

一、设羞服长一人[1]，专掌男女衣资之事，宜先措置。夏衣之给，须在四月；冬衣之给，须在九月，不得临时猝办。如或过时不给，家长罚之（凡生男女，周岁即给）。

一、男子衣资，一年一给。十岁以上者半其给，给以布；十六岁以上者全其给，兼以帛[2]；四十岁以上者优其给，给以帛。仍皆给裁制之费。若年至二十者，当给礼衣一袭[3]。巾履则一年一更。

一、妇人衣资，照依前数，两年一给之。女子及笄者，给银首饰一副。

一、每岁，羞服长除给男女衣资外，更于四时祭后一日，俵散诸妇履材及油泽、脂粉、针花之属[4]。

一、各房染段羞服长斟酌为之[5]，仍置簿书之。毋使多寡不均。

一、子孙须令饱暖，方能保全义气。当令廉谨有为者以掌羞服之事。务要合宜而无不足之叹。

一、设掌膳二人，以供家众膳食之事，务要及时烹爨，不许干预旧管杂役，亦须一年一轮。

一、择廉谨子弟二人收掌钱货。所出所入，皆明白附簿。或有折陷者[6]，勒其本房衣资首饰[7]，补还公堂。

一、择廉干子弟二人以掌营运之事。岁终会算，通计其数呈于家长。监视严加关防，察其私滥。

一、子孙以理财为务者，若沉迷酒色，妄肆费用，以与亏陷，家长核实罪之，与私置私积者同。

一、委人启肆皆公堂给本与之[8]，一年一度，新管为之结算，其子钱纳诸公堂[9]。

一、畜牧树艺，当令一人专掌之。须置簿书写数目，以凭稽考。然须常加点检，务要增益。如或失时不办，住本人本年衣资不给[10]。

一、设知宾二人[11]，接奉谈论、提督茶汤、点视床帐被褥务要合宜[12]。

一、亲宾往来，掌宾客者禀于家长，当以诚意延款[13]，务合其宜。虽至亲，亦宜宿于外馆[14]。

一、亲朋会聚若至十人，旧管不许于夜中设宴。时有小酌，亦不许至一更。昼则不拘。

一、亲姻馈送一年一度。非常庆吊则不拘于此。切不可过奢；又不可视贫而加薄，视富而加厚。

注释

[1] 羞服：饮食和衣服。

[2] 兼以帛：此指具有（布之外的）帛。

[3] 礼衣：礼服。　袭：量词。衣服成套称为袭。

[4] 俵散（sàn）：分发。

[5] 房：宗族分支单位。

[6] 折陷：损失与短缺。

[7] 勒：强制收取。

[8] 启肆：开办作坊或店铺。

[9] 子钱：利息成。此特指利润。

[10] 住：停止。

[11] 知宾：犹知客。专管接待宾客的人。

[12] 提督：提调监督。

[13] 延款：接纳款待。

[14] 外馆：客舍。

一、子弟未冠者，学业未成，不听食肉[1]，古有是法。非惟有资于勤苦[2]，抑欲其识齑盐之味[3]。

一、子弟未冠者，不许以字行[4]，不许以第称[5]，庶几合于古人责成之意。

一、子弟年十六以上，许行冠礼，须能暗记四书一经正文[6]，讲说大义，方可行之。否则直至二十一岁。弟若先能，则先冠以愧之。

一、子弟当冠，须延有德之宾[7]，庶可责以成人之道[8]。其仪式并遵文公家礼。

一、子弟已冠而习学者[9]，每月十日一轮，挑背已记之书及谱图家范之类[10]。初次不通，去巾一日[11]；再次不通，则倍之；

三次不通，则分给如未冠时；通则复之。

一、女子年及笄者，母为选宾行礼制辞字之[12]。

一、婚姻乃人道之本[13]。亲迎、醮啐、奠雁、授绥之礼[14]，人多违之，今一袪时俗之习[15]，其仪式并遵文公家礼。

一、婚嫁必须择温良有家法者，不可慕富贵，以亏择配之义。其豪强逆乱，世有恶疾者，毋得与议。

一、立嘉礼庄一所[16]，拨田一千五百（世远逐增），别储其租，令廉干子弟专掌[17]，充婚嫁费。男女各以谷一百五十石为则[18]。

一、娶妇须以嗣亲为重，不得享宾，不得用乐，违者罚之。入门四日，婿妇同往妇家，行谒见之礼。

一、娶妇三日，妇则见于祠堂，男则拜于中堂，行受家规之礼。先拜四拜，家长以家规授之，祝其谨守勿失，复四拜而去。又以房匾授之，使其揭于房闼之外[19]，以为出入观省。会茶而退[20]。

一、子孙当娶时，须用同身才制深衣一袭[21]，巾履各一事[22]，仍令自藏，以备行礼之用。

一、子孙有妻子者，不得更置侧室，以乱上下之分，违者责之。若年四十无子，许置一人，不得与公堂坐[23]。

一、女子议亲，须谋于众，其或父母于幼年妄自许人者，公堂不与妆奁[24]。

一、女适人者，若有外甥[25]，弥月之礼[26]，惟首生者与之，余并不许。但令人以食味慰问之。

一、甥婿初归，除公堂依礼与之，不得别有私与。诸亲并同。

一、姻家初见[27]，当以币帛为贽[28]，不用银斝[29]。他有馈者，此亦不受。

一、丧礼久废，多惑于释老之说[30]，今皆绝之。其仪式并遵文公家礼。

一、子孙临丧，当务尽礼，不得惑于阴阳非礼拘忌[31]，以乖大义。

一、丧事不得用乐，服未阕者，不得饮酒食肉。违者以不孝论。

一、子孙器识可以出仕者[32]，颇资勉之[33]。既仕，须奉公勤政，毋蹈贪黩[34]，以忝家法[35]。任满交代，不行过于留恋。亦不宜恃贵自尊，以骄宗族。仍用一遵家范，违者以不孝论。

一、子孙倘有出仕者，当蚤夜切切[36]，以报国为务。怃恤下民，实如父母之保赤子；有申理者，哀矜恳恻，务得其情，毋行苛虐[37]。又不可一毫妄取于民。若在任衣食不能给者，公堂资而勉之；其或廪禄有余，亦当纳之公堂，不行私于妻孥，竞为华丽之饰，以起不平之心。违者天实临之[38]。

一、子孙出仕，有以赃墨闻者[39]，生则于谱图上削去其名；死则不许人祠堂（如果被诬指者，则不拘此）。

注释

[1] 听：允许。

[2] 资：具有。

[3] 抑：表示语气的副词。犹“或许”“或者”。 齑盐：此指烹调少量加些肉的菜。

[4] 字：人的表字。在本名之外所表的与本名相关的另一个名字。

[5] 第：行（háng）第。排行的次序。

[6] 暗记：默记。

[7] 延：聘请。 宾：此指宾老。年长的教师。

[8] 责：责告，训诫。 成人：成器，成材。

[9] 习学：犹学习。

[10] 谱图：记述氏族或宗族世系的图表。　家范：治家的规范、法度、风教之类。

[11] 巾：此指象征成人的巾冠。

[12] 行礼：此指婚嫁之礼。　制辞：此指制字。即为其取表字。　字之：此指使其许配、婚嫁。

[13] 人道：男女交合。

[14] 亲迎、醮（jiào）啐、奠雁、授绥：均指元代婚礼中的一种仪式。

[15] 袪：通“祛”。除去。

[16] 嘉礼：五礼（吉、凶、军、宾、嘉）之一。包括饮食、婚冠、宾射、飨燕、脤膰、贺庆等礼。

[17] 廉干：廉洁干练。

[18] 石（dàn）：量词。作容量单位时，十斗为一石；作重量单位时一百二十斤为一石。　则：法度，准则。

[19] 揭：高掛，高悬。　房闼：闺房，卧室。

[20] 会茶：会聚饮茶。

[21] 身才：犹“身材”。身体的高矮胖瘦。　深衣：上衣、下裳相连缀的一种服装。是古代诸侯、大夫、士家居常穿的衣服，也是庶人的常礼服，此指后者。

[22] 事：量词。

[23] 公堂：此指祠堂。

[24] 公堂：此指家族。

[25] 外甥：此指出嫁女所生之子。

[26] 弥月：满月。　礼：礼物。

[27] 姻家：联姻的家族成员。

[28] 币帛：缯帛。用于馈赠的礼物。　贽：初次相见时所执的礼物。

[29] 斝（jiǎ）：本为古代青铜所制的贮酒器。此借指酒杯、

茶杯。

[30] 释老：释迦牟尼和老子的并称。此指佛教和道教。

[31] 阴阳：此指占卜、相墓的方术。

[32] 器识：度量与见识。

[33] 资勉：资助勉励。

[34] 贪黩：贪污。

[35] 忝（tiǎn）：辱。

[36] 蚤：通“早”。 切（qiè）切：恳挚的样子。

[37] 苛虚：疑为“苛虐”。严厉残暴。

[38] 临：监临，监视。

[39] 赃墨：贪污纳贿。 闻（wén）：名声。

一、宗人实共一气所生[1]，彼病则吾病，彼辱则吾辱，理势然也。子孙当委曲庇覆[2]，勿使失所。切不可恃势凌轹[3]，以忝厥祖。更于缺食之际，揆其贫者[4]，月给谷六斗，直至秋成住给。其不能婚嫁者助之。

一、为人之道，舍教其何以先？当营义方一区[5]，以教宗族之子弟，免其束修。

一、宗族之无所归者[6]，量拨房屋以居之。更劝勿用火葬，无地者听埋义冢之中。

一、立义冢一所，乡邻死亡，委无子孙者[7]，与给棤椟埋之[8]；其鳏寡孤独，果无以自存者，时赒给之[9]。

一、宗人无子，实坠厥祀，堂择亲近者为继立之[10]，更少资之。

一、宗人若寒，深当悯恻，其果无衾与絮者[11]，子孙当量力而资助之。

一、祖父所建义祠，盖奉宗族之无后者。立春祀先祖毕，当令子弟设馔祭之。更为修理，毋致隳坏。

一、立春当行会族之礼，不问亲疏，户延一人，食品以三进为节[12]。

一、里党或有缺食，裁量出谷借之[13]。后催元谷归还[14]，勿收其息。其产子之家，给助粥谷二斗五升。

一、展药市一区[15]，收贮药材。邻族疾病，其症章章可验[16]，如疟痢痈疖之类，施药与之。更须诊察寒热虚实[17]，不行慢易[18]。此外不可妄与，恐致误人。

一、桥圮路淖[19]，子孙倘有余资，当助修治，以便行客。或遇隆暑，又当于通衢设汤茗一二处[20]，以济渴者。自六月朔至八月朔止。

一、里党之痌痒疾痛，吾子孙当深念之。彼不自给，况望其馈遗我乎？但有一毫相赠，亦不可受，违者必受天殃。

一、补救宗族里党一应等务，令监视置“推仁簿”逐项书之，岁终于家长前会算。其或沽名失实及执吝不肯支者[21]，天必绝之。此吾拳拳真切之言[22]，不可不谨，不可不慎。

注释

[1] 一气：本指混沌之气。古人认为是构成天地万物的本源。此指同一本源，同一祖先。

[2] 委曲：周至，周全。

[3] 凌轹（lì）：欺压。

[4] 揆（kuí）：度量，揣度。

[5] 义方：本指行事应遵行的规范或方法，后引申为教子的正道或家训，此指私塾、学堂。 区（qū）：量词。处，所。

[6] 归：归宿。此指居住的处所。

[7] 委：副词。确定。

[8] 槥椟（huì dú）：小棺材。后亦泛指棺材。

[9] 赒给（zhōu jǐ）：周济给助，接济给助。

[10] 继：继子。 立：确是某种地位。此指确定某一无子者的某一亲近之人为其继子的地位。

[11] 衾（qīn）：被子。 絮：弹松的棉花。 衾与絮：此泛指御寒的衣、被之类。

[12] 進：进奉。 节：适度。

[13] 裁量（liáng）：裁度。根据实情而定取舍多寡。

[14] 元谷：元，通“原”。元谷，此指原借出之谷物（的数量）。

[15] 展：展成。本指市场管理者促使买卖双方成交。此指开辟市场。

[16] 证：通“症”。病症。 章章：昭著的样子。

[17] 寒热虚实：均为中医学名词。寒热，中医八纲中用以辨别疾病性质的两个纲领。二者有阴阳盛衰的本质区别，但又可在病人身上同时出现，在一定条件下又可相互转化。虚实，中医八纲中用以辨别邪正盛衰的两个纲领。虚指正气不足，实指邪气盛实，二者既可互相转化，又可错杂出现在疾病过程中。

[18] 慢易：轻慢，怠慢。

[19] 桥圯（yí）：桥。 路淖（nào）：淖，烂泥，泥潭。路淖，损坏难行的道路。

[20] 汤茗：茶水。此指施舍茶水的地方。

[21] 执吝：悭吝不舍。 支：支付。

[22] 拳拳：诚挚而眷爱的样子。

一、子孙须恂恂孝友[1]，实有义家气象。见兄长，坐必起，行必以序，应对必以名，毋以尔我。诸妇并同。

一、子孙之于尊长，咸以正称，不许假名易姓。

一、兄弟相呼，各以其字冠于兄弟之上，伯叔之命侄亦然。侄之称伯叔，则以行称[2]，继之以父。夫妻亦当以字行[3]。诸娣姒相呼并同。

一、子侄年非六十者，不许与伯叔连坐[4]，违者家长罚之。会膳不拘。

一、卑幼不得抵抗尊长（一日之长皆是）[5]。其有出言不逊、所行乖戾者[6]，姑诲之；诲之不悛者，则重箠之。

一、子孙受上诃责，不论是非，但当俯首默受，毋得分理。

一、子孙固当竭力以奉尊长，为尊长者亦不可挟此自尊。攘拳奋袂[7]，忿言秽语，使人无所容身，甚非教养之道。若其有过，反覆谕戒之；甚不得已，会众箠之，以示耻辱。

一、子孙黎明闻钟即起。监视置"夙兴簿"，令各人亲书其名，然后就所业，或有托故不书者，议罚。

一、子孙饮食，幼者必后于长者。言语亦必有伦，应对宾客，不得杂以俚谷方言。

一、子孙不得谑浪败度[8]，免巾徒跣[9]。凡诸举动，不宜掉臂跳足[10]、以蹈轻儇[11]。见宾客，亦当肃行祗揖[12]，不可参差错乱。

一、子孙不得目观非礼之书，其涉戏谑淫亵之语者，即焚毁之，妖幻符咒之属并同。

一、子孙不得从事交结，以保助闾里为名而恣行己意，遂致轻冒刑宪[13]，隳圮家业[14]。故吾再言之，切宜刻骨。

一、子孙毋习吏胥，毋为僧道，毋狎屠竖[15]，以坏乱心术。当时时以"仁义"二字铭心镂骨，庶或有成。

一、广储书籍，以惠子孙，不许假人以至散逸。仍识卷首云[16]："义门书籍，子孙是教，鬻及借人，兹为不孝。"

一、延迎礼法之士，庶几有所观感、有所兴起，其于问学，资益非小。若哤词幻学之流[17]，当稍款之，复逊辞以谢绝之。

一、小儿五岁者每朔望参祠购书，及忌日奉祭，可令学礼（入小学者当预四时祭祀[18]）。每日蚤膳后，亦随众到书斋祗揖。须值祠堂者及斋长举名[19]，否则罚之。其母不容者，亦罚之。

一、子孙自八岁入小学，十二岁出就外傅，十六岁入大学[20]，聘致明师。训饬必以孝悌忠信为主[21]，期抵于道[22]。若年至二十一岁，其业无所就者，令习治家理财。向学有进者弗拘[23]。

一、子孙年十二，于正月朔则出就外傅，见灯不许入中门，入者箠之。

一、子孙为学须以孝义切切为务。若一向偏滞辞章[24]，深所不取。此实守家第一事，不可不慎。

注释

[1] 恂（xún）恂：温顺恭谨的样子。

[2] 行（háng）：排行。

[3] 行（xíng）：流行，通行。

[4] 连坐：此接连续落坐。

[5] 抵抗：抗拒，不驯顺。

[6] 出言不逊：说话傲慢不客气。 乖戾：不合情理，悖谬。

[7] 攘拳：捋袖举拳。 奋袂（mèi）：挥动衣袖。形容激动的状态。

[8] 谑浪：戏谑放荡。 败度：败坏法度。

[9] 免巾：不戴巾、冠之类。 徒跣（xiǎn）：赤足。

[10] 掉臂：甩动胳膊自在游走的样子。

[11] 轻儇（xuān）：轻佻，不庄重。

[12] 祗（zhī）揖：见面时向对方肃拜之礼。

[13] 刑宪：刑法。

[14] 堕圮（pǐ）：毁坏。

[15] 屠竖：此为对身份卑下的人的泛称。

[16] 识（zhì）：此指书写以作为标志。

[17] 哤（máng）词幻学：哤，语言杂乱；幻，虚幻怪异。哤词幻学，以杂乱的语言讲说怪异之事的虚幻之学。

[18] 小学：对少年实施初等教育的学校。我国西周即有小学，其后名称不一，官学如四门小学、内小学，私学如书馆、乡塾等是。此非指始于十九世纪末的近代小学。

[19] 举名：唱名、点名。此指点名答到。

[20] 大学：此泛指相对于小学的高一等的学校。

[21] 训饬（chì）：教训戒勉。

[22] 期底于道：底，尽，极；道，封建伦理纲常。期底于道，希望能达到封建伦理要求的最高标准。

[23] 向学：立志求学，好学。

[24] 偏滞：拘泥而不知变通。　辞章：诗文的总称。

一、子孙年未二十五者，除绵衣用绢帛外[1]，余皆衣布。除寒冻用蜡屐外[2]，其系遇雨皆以麻屦[3]。从事三十五里内并须徒步[4]。初到亲姻家者不拘。

一、子孙年未满三十者酒不许入唇，壮者虽许少饮，亦不宜沈酗杯酌，喧哗鼓舞、不顾尊长[5]，违者箠之。若奉延宾客，唯务诚悫[6]，不必强人以酒。

一、子孙当以和待乡曲[7]，宁我容人[8]，毋使人容我。切不可先操忽人之心[9]。若屡相凌逼，进进不已者[10]，当理直之。

一、秋成谷价廉平之际，籴五百石，别为储蓄，遇时缺食，依元价粜给乡邻之困乏者[11]。

一、子孙不得惑于邪说，溺于淫祀[12]，以邀福于鬼神[13]。

一、子孙不得修造异端祠宇[14]，妆塑土木形象。

一、子孙处事接物当务诚朴，不可置纤巧之物务以悦人，以长华丽之习。

一、子孙不得与人眩奇斗胜，两不相下。彼以其奢，我以吾俭，吾何害哉！

一、既称义门，进退皆务尽礼。不得引进娼优，讴词献技、娱宾狎客，上累祖考之嘉训，下教子孙以不善。甚非小失，违者家长箠之。

一、家业之成难如登天，当以俭素自绳是准。唯酒器用外，子孙不得别造，以败我家风。

一、俗乐之设诲淫长奢[15]，切不可令子孙听，复习肄之[16]，违者家长箠之。

一、棋枰、双陆、词曲、虫鸟之类[17]，皆足以蛊心惑志、废事败家，子孙当一切弃绝之。

一、子孙不得畜养飞鹰猎犬，专事佚游；亦不得恣情取餍以败家[18]。违者以不孝论。

一、吾家既以孝义表门，所习所行无非积善之事。子孙当体此，不得妄肆威福，图胁人财，侵凌人产，以为祖宗植德之累[19]，违者以不孝论。

一、子孙受人贽帛皆纳之公堂[20]，后与回礼。

一、子孙不得私造饮馔以徇口腹之欲[21]，违者姑诲之，诲之不悛则责之（产者、病者不拘）。

一、凡遇生朝[22]，父母舅姑存者[23]，酒果三衍[24]，亡者则致恭祠堂，终日追慕。

一、寿辰既不设筵，所以袜履亦不行受，徒蠹女工[25]，无益于事。

一、家中燕飨[26]，男女不得互相献酬[27]，庶几有别（若家长舅姑，礼宜馈食者不拘[28]）。

一、各房用度杂物，公堂总买而均给之，不可私托邻族越分竞买鲜华之物[29]，以起乖争[30]。

一、家众有疾当痛念之，延良医以救疗之。

一、居室既多，守夜当轮用已娶子弟，终夜鸣磬以达于旦[31]，仍鸣小磬周行居室者四次。所过之处，随手启闭门扃[32]，务在谨严，以防偷窃。有故不在家者次轮当者续之。

一、防虞之事[33]，除守夜及就外傳者，别设一人，谨察风烛，埽拂灶尘[34]。凡可以救灾之具，常须增置（若油篮、系索之属），更列水缸于房闼之外[35]（冬月用草结盖，以护寒冻），复于空地造屋，安置薪炭。所有辟蚊蒿烬[36]，亦弃绝之。

一、旱暵之时[37]，子弟不得吝惜陂塘之水[38]，以妨灌注。

注释

[1] 绵衣：内装丝绵的衣服。

[2] 蜡屐：蜡，动植物或矿物所产生的油脂，如蜂蜡、白蜡、石蜡等；屐，此为鞋的泛称。蜡屐，涂蜡的鞋子，即油靴、雨鞋之类。

[3] 麻屦（jù）：用麻葛等制成的一种鞋。

[4] 从事：行事，办事。

[5] 沈酗：指嗜酒无度。　鼓舞：此指手足舞动。

[6] 诚悫（què）：诚朴，真诚。

[7] 和：和顺，适中。是儒家的一种处世哲学。　乡曲：此指乡亲，同乡人。

[8] 容人：容，宽容。容人，宽厚待人。

[9] 忽：轻视、怠慢。

[10] 进进：步步紧逼的样子。

[11] 元价：原来糴入时的价格。

[12] 淫祀：不当祭的祭祀，妄滥之祭。

[13] 邀福：祈求赐福。

[14] 异端：儒家对其他学说、学派或不正当、非正流的学说、流派的称谓。

[15] 俗乐：与雅乐相对。是对民间音乐、散乐（百戏）等的泛称。

[16] 习肄：学习，练习。

[17] 棋枰：本指棋盘、棋局。此指棋类游戏。 双陆：一种博戏。借自天竺（印度），盛于南北朝、隋、唐。

[18] 餍（yàn）：满足。

[19] 植德：立德。

[20] 贽帛：礼品。

[21] 徇（xùn）：谋求。

[22] 生朝（zhāo）：生日。

[23] 舅姑：夫之父母。即公婆。

[24] 笥：盛物的竹器。

[25] 蠹：比喻祸害人的事。 女工：女子所作纺织、刺绣、缝纫等。

[26] 燕飨：亦作“燕享”。本指帝王饮宴群臣、国宾或以酒食祭神。此指家庭饮宴。

[27] 献酬：互相敬酒。

[28] 馈（kuì）食：敬献熟食。本为天子诸侯每月朔朝庙的一种祭礼，此指向尊长献食。

[29] 越分（fèn）：越出本分，过分。 鲜华：鲜艳华丽。此泛指名贵、质高的时新之物。

[30] 乖争：纷争。

[31] 磬（qìng）：此指报更用的响器。

[32] 门扃（jiōng）：从外关闭门户的门闩。

[33] 防虞：防备不虞之事，防备意料不到的事情。为盗、

火等祸灾的婉词。

[34] 埽拂：同“扫拂”。打扫拂拭。

[35] 房闼（tà）：寝室，闺房。

[36] 辟（bì）：通“避”。 蒿（hāo）：蒿草。点燃蒿草，其烟可驱蚊。

[37] 旱暵（hàn）：干旱。

[38] 陂（bēi）塘：池塘。

一、诸妇必须安详恭顺，奉舅姑以孝[1]，事丈夫以礼，待娣姒以和[2]。无故不出中门。夜行以烛，无烛则止。如其淫狎，即宜屏放[3]。若有妬忌长舌者，姑诲之[4]；诲之不悛，则责之；责之不悛，则出之[5]。

一、诸妇谍言无耻及干与阃外事者[6]，当罚拜以愧之。

一、诸妇初来，何可便责以吾家之礼[7]，限半年皆要通晓家规大意，或有不教者，罚其夫。

一、初来之妇，一月之外，许用便服。

一、诸妇服饰毋事华靡，但务雅洁，违者罚之。更不许其饮酒，年过五十者不拘。

一、诸妇之家贫富不同，所用器物或有或无，家长量度给之，庶使均而无怨。

一、诸妇主馈[8]，十日一轮，年至六十者免之。新娶之妇，与假三月；三月之外，即当主馈。主馈之时，外则告于祠堂，内则会茶以闻于众[9]。讬故不至者罚其夫。膳堂所有锁钥及器皿之类，主馈者次第交之。

一、诸妇工作当聚一处，机杼纺绩[10]，各尽所长，非但别其勤惰，且革其私心。

一、主之母尊[11]，欲使家众悦服，不可使侧室为之[12]，以乱尊卑。

一、每岁畜蚕，主母分给蚕种于诸妇，使之在房畜饲。待成熟时，却就蚕屋上箔[13]，须令子弟值宿，以风烛[14]。所得之茧当聚一处抽缫，更预先抄写各房所畜多寡之数，照什一之法赏之[15]。

一、诸妇每岁所治丝绵之类，羞服长同主母称量，付诸妇共成段匹[16]，羞服长复著其铢两于簿，主母则催督而成之。诸妇能自织造者，羞服长先用什一之法赏之，然后给散于众。

一、诸妇每岁公堂于九月俵散木绵[17]，使成布匹，限以次年八月交收，通卖钱物，以给一岁衣资之用，公堂不许侵使。或有故意制造不佳及不登数者，则准给本房，甚者住其衣资不给（病者不拘）[18]。有能依期登数者，照什一之法赏之。其事并系羞服长主之。

一、诸妇育子，苟无大故，必亲乳之，不可置乳母以饥人之子。

一、诸妇育子，不得接受邻俗鸡子彘肩之类[19]。旧管日周给之。

一、诸妇之于母家，二亲存日，礼得归宁[20]，无者不许，其有庆吊势不可已者[21]，但令人往。

一、诸妇亲姻颇多，除本房至亲与相见外，余并不许。可相见者，亦须子弟引导，方入中门。见灯不许。违者会众罚其夫。

一、妇人亲族，有为僧道，不许往来。

一、朔望后一日令诸孙聚揖之时[22]，直说古《列女传》，使诸妇听之。

一、世人生女往往多致溺没[23]。纵曰“女子难嫁”，荆钗布裙，有何不可？诸妇违者议罚。

一、女子年及八岁者，不许随母到外家[24]。余虽至亲之家，亦不许往。违者重罚其母。

一、少母但可受自己子妇跪拜[25]，其余子弟不过长揖，诸妇并同。有违者，监视议罚（死后忌日亦同）。

一、男女不共圊溷[26]，不共湢浴[27]，以谨其嫌。春冬则十日一浴，夏秋不拘。

一、男女不亲授受，礼之常也。诸妇不得用刀镊工剃面[28]。

一、庄妇类多无识之人，最能翻斗是非，若非高明，鲜有不遭聋瞽[29]，切不可纵其来往。岁时展贺[30]，亦不行令入房闼[31]。

注释

[1] 舅姑：公婆。

[2] 娣（dì）姒（sì）：娣，嫂对弟媳的称谓。姒，对丈夫的嫂子的称谓。娣姒，妯娌。

[3] 屏（bǐng）放：放归，休弃。

[4] 姑：姑且，暂且。

[5] 出：休弃。

[6] 谍（díe）言：谍，通“喋”，呶呶不休。谍言，呶呶不休地叙说。 阃（kǔn）外：此指家庭以外。

[7] 责：要求。

[8] 主馈：妇女主持烹饪等家事。

[9] 会茶：会聚饮茶。此指家庭成员会聚。

[10] 机杼（zhù）：此指纺织。 纺绩：纺丝与缉麻。

[11] 主之母：此指主持家政的女主人。

[12] 侧室：妾。

[13] 就：到。 箔（bó）：养蚕用的竹篩子或竹席。

[14] 以风烛：疑为“以防风烛”，即防火。

[15] 什一：十分之一。此意为畜十奖一。

[16] 段匹：成匹的缎子。此泛指成匹的丝织物。

[17] 俵散（biào sàn）：散发，分发。 木绵：即草棉，

棉花。

[18] 住：停止。

[19] 邻俗：疑为“邻保”，即邻居。　鸡子：即鸡蛋。　彘（zhì）肩：即肘子。

[20] 归宁：此指已嫁女子回娘家看望父母。

[21] 庆吊：庆贺与吊慰。此指喜事与丧事。

[22] 诸生：此指众子弟。　聚揖（jí）：众人聚集。

[23] 渰没（yǎn mò）：淹没。此指淹杀。

[24] 外家：此指母亲的娘家。

[25] 少（shào）母：父妾。

[26] 圊溷（qīng hùn）：厕所。

[27] 湢（bì）浴：浴室。

[28] 刀镊工：刀镊，亦作“刀篇”，去除毛发的工具。刀镊工，理发、整容的工匠。

[29] 聋瞽（gǔ）：犹聋盲。比喻欺骗、蒙蔽。

[30] 岁时：每年一定的季节或时间。　展贺：省候致贺。

[31] 房闼（tà）：内房，寝室。

奉先公家规

［明］朱显宗[1]

余家世盐官[2]，承祖父余荫，衣食粗足。然子孙逸居而无教[3]，恐将同于禽兽。用是遂撰家规二十则[4]，以训我后人，俾世守之[5]，庶无免于过愆焉[6]。

一、人家子弟，多以酗酒丧德。吾家除祭祀、散胙及奉宾劝酬外[7]，子弟不得私饮。或饮于亲戚朋友之家，亦不得至醉。

一、近时富贵子弟年未强壮[8]，即置婢妾[9]。吾家子孙非三十以上无子者，不许置偏房[10]。或当娶而失期者[11]，众跪于祠堂前而切责之。

一、子孙年幼，不得衣罗缎衣服[12]。至冠方做与时衣一袭[13]，婚娶之时做与冬、夏衣各一袭，不得过奢。

一、人家多以尚气[14]，遂兴词讼[15]。吾家至祖父以来，并无片纸入于府县，府县亦以此优待吾家。凡吾子孙果有迫于不得已，方许与合族通商举行。如可含忍[16]，即当含忍。

一、冠礼，年十六以上，能通《孝经》《论语》[17]，粗知礼义之方，然后行之。仪节悉依《家礼》。

一、婚娶本非论财，必须择礼义之家，及察婿、妇之性行纯良[18]。其强暴、乱逆、恶疾者[19]，不可与议。

一、家有丧事，择良子弟以司其任。衣衾务新洁[20]，棺椁务坚厚[21]，不得逞奢[22]。其分送麻布，不得滥及无服之人[23]。

一、四时之祭，至日则迁高曾祖考木主[24]，而祭于正寝。祭物须精洁，不在繁多。主祭、助祭之人须要恭敬，毋得怠慢，有乖礼体[25]。

一、遇考妣忌日，孝子量备祭物，则迁所祭之主，祭于正寝。卑幼者助祭，疏远及年长、分尊者不拘[26]。

一、墓祭本非古礼，然近时上下行之，吾安得独遵古制。清明日及十月朔[27]，备祭礼上坟。朝往午归，不许纵佚[28]，有失追远之礼[29]。

一、每年延敦厚博学之士[30]，隆礼家塾[31]，馆于耕云堂，以教子弟。又必择乡邻可与其学者，为子弟伴。

一、宗族子弟一人之贤，众人之光也。其不肖者，门户亦与玷焉。凡吾宗人各宜修省[32]，其有关于风化者，并于祠前深责其罪。

一、屋宇、器皿、服饰，不得违制。非礼之书，子孙不得观览，即当烧毁。

一、古玩物、文史诸类，凡可贻谋者[33]，即当珍藏。俾子孙知裕后之难[34]，益见故家之风物也。相继子孙，尚克念哉[35]。

一、吾家颇有田园，安能常如今日。吾之子孙为士者，须笃志苦学[36]，以求仕进。为农商者，须勤耕远贾[37]，以宁室家。其或贫乏不能存者，或以教授为业，或税田以耕，或贷本以贸[38]，切不可习于下流，以玷门阀[39]。

一、吾家诸妇，事舅姑笃于孝敬[40]，相夫子专于顺从，纺织为本，勤俭终身，庶不失为妇道[41]。切勿可偏于悍逆[42]，以玷家风。

一、子孙受训责，当深听其罪，使可哀怜[43]，不得辨论是非，分剖曲直。其尊长亦当以礼御其子孙[44]，不可挟尊凌卑[45]。

一、正月朔，合吾子弟谒祠堂毕[46]，悉集于兆庆堂[47]。左右序立，向尊长行四拜礼。复左右对立，亦行四拜礼。礼毕，会茶而退[48]。

一、工仆人等悉集门外，非有呼唤使令，不得辄入厅堂[49]。其女仆人等非有使令，不得擅出门外，与男仆相接[50]。

一、每岁元旦[51]，合吾家人清晨谒祠堂毕，悉会集于兆庆堂。左右序立，向家长揖。揖毕，左右对揖而退。仍给与酒肴[52]。有不至者，跪罚。

注释

［1］ 朱显宗（1344—1427）：号奉先，浙江海盐人。据传是宋代理学家朱熹的后裔，系于元代迁到海盐。其子朱侃，在明初曾巡抚广西，两督漕运。朱显宗父因子贵，被封为奉政大夫、通政使司右参议。

［2］ 盐官：主管盐务的官员。此官始于汉代。

［3］ 逸居：安居。

［4］ 用是：因此。

［5］ 俾（bǐ）：使。

［6］ 庶无免于过衍（qiān）焉：这句的意思是，这样做恐怕就不会产生什么过失了。

［7］ 散胙（zuò）：旧时祭祀以后，分发祭肉叫“散胙”。 奉宾：侍候宾客。 劝酬：互相劝酒、敬酒。

［8］ 强壮：中年、壮年。

［9］ 婢妾：妾与使女。

［10］ 偏房：妾。

［11］ 失期：耽误规定的期限。

［12］ 衣（yì）：穿（衣服）。

［13］ 袭：成套的衣服称为“袭”。

［14］ 尚气：意气用事。

［15］ 词讼：诉讼。

[16] 含忍：容忍。

[17] 《孝经》：儒家经典之一。作者各说不一，以孔门后学所作较为合理。论述封建孝道，宣扬宗法思想，汉代列为七经之一。　《论语》：儒家经典之一。共20篇。是孔子弟子及其再传弟子关于孔子言行的记录。

[18] 纯良：纯正善良。

[19] 乱逆：叛逆。　恶疾：难以医治的疾病。

[20] 衣衾：指装殓死者的衣服与单被。

[21] 棺槨：亦作“棺椁”。棺与槨。亦泛指棺材。

[22] 逞：显示，夸耀。

[23] 无服：古丧制称五服之外无丧服关系的。

[24] 至日：指冬至、夏至。　木主：木制的神位。上书死者姓名以供祭祀。又称神主。俗称牌位。

[25] 乖：背离，违背。

[26] 疏远：指不亲近的人。　分尊：辈分高的人。

[27] 朔：旧历每月初一日。

[28] 纵佚：亦作“纵逸”。恣纵放荡。

[29] 追远：追思先人。

[30] 延：聘请。

[31] 隆礼：遵照礼法。

[32] 修省（xǐng）：修身反省。

[33] 贻谋：遗留给后代探索研究。

[34] 裕后：为后人造福。

[35] 尚：还。　克：能够。

[36] 笃志：专心一至，立志不变。

[37] 远贾（gǔ）：到远方经商。

[38] 贷本：借贷本钱。

[39] 门阅：门第阀阅。

［40］ 舅姑：称夫之父母。俗称公婆。

［41］ 庶：或许，也许。

［42］ 悍逆：凶悍忤逆。

［43］ 哀怜：请求怜悯。

［44］ 御：约束。

［45］ 挟：倚仗。

［46］ 合：聚合。

［47］ 悉：全。

［48］ 会茶：会聚饮茶。

［49］ 辄：擅自。

［50］ 相接：相会合。

［51］ 元旦：新年第一天。此指旧历正月初一。

［52］ 酒肴：酒与菜肴。

家规辑略

［明］曹　端[1]

子孙入祠堂，当正衣冠，即如祖考之在上[2]，不得嬉笑对语疾步，晨昏皆当致恭而退[3]。

拨常稔田五十亩[4]，别蓄其租，专充祭祀之费。其田券印某郡某氏祭田六字[5]，字号步亩亦当勒石祠堂之左[6]，俾子孙永远保守，有言质鬻者[7]以不孝论。

子孙毋习吏胥[8]，毋为僧道，毋狎屠竖[9]，以坏乱心术。当以“仁义”二字铭心镂骨，庶几有成。

子孙不得修建异端祠宇[10]，粧塑土木形象[11]。

子孙年未三十者，酒不许入唇；壮者惟许少饮[12]，亦不宜沈酗杯酌[13]，喧呶鼓舞，不顾尊长，违者箠之[14]。若奉筵宾客[15]，惟务诚实，不必强人以酒。

子孙不得私造饮馔[16]，以徇口腹之饮[17]，违者姑诲之；诲之不悛[18]，则责之。产者、病者不拘[19]。

增拓产业[20]，彼则出于不得已，吾则欲为子孙悠久之计，当体究果直几纡[21]，尽数还足。不可与驵侩交谋[22]，潛萌侵人利己之心。否则天道好还，纵得之，必失之矣。立券极务分明，不可以物货逋负相准[23]，或有欠者，后当索偿。又不可以秋税暗附他人之籍[24]，使人陪输官府[25]，积祸非轻。

亲姻馈送[26]，一年一度，非常弔庆，则不拘此。切不可过奢，又不可视贫而加薄，视富而加厚。

女子适人[27]，若有外孙弥月之礼[28]，唯首生者与之，馀并不许。但令人以食往慰问之。

子孙年十二，于正月朔[29]，出就外傅见灯[30]，不许入中门，入者箠之。

棋枰、双陆、词曲、虫鸟之类[31]，皆足以蛊惑心志[32]，废事败家，子孙一切弃绝之。

子弟未冠，学业未成，不得食肉，古有是法。非惟有以资于勤苦，抑欲其识齑盐之味[33]。

里党痒疴疾痛[34]，吾子孙当深念之。彼不自给，况望其馈送我乎！但有一毫相赠，亦不可受，违者必受天殃[35]。

注释

[1] 曹端（1376—1734）：字正夫，学者称月川先生，渑池（今属河南省）人。明成祖永乐六年（1408）举人。官霍州、蒲州学正。后弃科举之途，潜心理学，多有建树，在理学史上有一定地位。著《孝经述解》《四书详说》及《曹月川集》等。

[2] 祖考：祖先。

[3] 致恭：极其恭敬。

[4] 常稔（rěn）田：稔，庄稼成熟。常稔田，指旱涝保收的田地。

[5] 田券：即田契。租借田地时所立的契约或田地所有权的凭据。　郡：古代地方行政区划名。

[6] 勒石：刻于石上，以示记载。

[7] 质鬻（yù）：指出售。

[8] 吏胥：旧时官府中的小吏。

[9] 狎：接近，亲近。　屠竖：竖，古代地位低微的小

吏。屠竖，即从事宰杀职业的人。

[10] 异端：指不正当或非正统的。

[11] 粧塑：制造与修饰。

[12] 壮：男子三十为“壮”。即壮年。泛指成年。

[13] 沈酗：指嗜酒无度。

[14] 箠：用鞭打。

[15] 奉筵：筵，宴席。奉筵，置办宴席。此指宴请。

[16] 造：制作。

[17] 徇：谋求。

[18] 悛：悔改，停止。

[19] 产者：指产妇。

[20] 增拓：增加、扩充。

[21] 体究：亲自考究。　直：价值。　缗（mín）：量词。古代通常以一千文为一缗。即把一千文钱用绳穿连成串就是一缗钱。

[22] 驵侩（zǎng kuài）：亦作“驵会”“驵狯”。说合牲畜交易的人。后泛指经纪人，即现今的中间人。

[23] 逋（bū）负：拖欠的债务。　准：折合，抵偿。

[24] 秋税：旧时官府秋季所征收的赋税。　暗附：私下划归。

[25] 陪（péi）输：陪，通“倍”。陪输，指加倍交纳。

[26] 亲姻：由婚姻关系结成的亲属。

[27] 适人：指女子嫁人。

[28] 弥月：小儿初生满一个月。也称满月。

[29] 朔：旧历每月初一。

[30] 外傅：古代贵族子弟至一定年龄，出外就学，所从之师称外傅。此指去别人家。　见灯：观看彩灯。

[31] 棋枰：棋盘，棋局。指下棋游戏。　双鹿：亦称“双

陸”。古代的一种博戏。

［32］ 蛊惑：迷乱。

［33］ 抑：而且。 齑（jī）盐：腌菜和盐。此指加肉的菜。

［34］ 里党：邻里。 痒疴：泛指病痛。

［35］ 天殃：天降的祸殃。

展药市一区[1]，收储药材，邻族疾病，其症章章可验[2]，如疟痢痛疖之类，施药与之。更须诊察寒热虚实，不可慢易[3]，此外不可妄与[4]，恐致误人。

桥圮路淖[5]，子孙尚有馀资，当助修治，以便行客。或遇隆暑，又当于通衢[6]，设汤茗一二处[7]，以济渴者。自六月朔至八月朔止。

立义冢一所[8]，乡邻死亡，委无子孙者[9]，与给槥椟埋之[10]。其鳏寡孤独[11]，果无以自存者，时周给之。

拯救宗族里党，一应等物令监视，寘推仁簿[12]，逐项书之。岁终，于家长前会算[13]，其或沽名失实及执文不肯支者[14]，天必绝之。此吾拳拳真切之言[15]，不可不谨，不可不慎。

诸妇夫死，有能持节守义而终身不愿再嫁者，主父主母当厚恤养，以全其志。毋使失所，违者必受天殃。

女子有作非为，犯淫狎者，与之刀绳，闭于牛驴房，听其自死。其母不容者[16]，出之；其父不容者，陈于官，而放绝之[17]。仍告于祠堂，于宗图上削其名[18]，死生不许入祠堂。即放而悔改，容死其女者，复之。

子弟年十六岁以上，许行冠礼，须能暗记四书一经正文[19]，讲说大义，方可行之。否则直至二十一岁。弟若先能，则先冠，以愧之[20]。

凡为童子，以事长为事，紒而不冠[21]，衣而不裳，名而不字[22]，皆所以别成人，教逊弟也[23]。

择配必于男女十四、五以上，方见贤愚，否则必有后悔。

埋葬之法，当用赵忠敏公《族葬之图》[24]，左昭右穆[25]，以世为列[26]，不可淆乱。

牛之耕田，狗之防寇，有功于人，深所当念。吾家所畜牛狗，有三年以上之功者，死则埋之。其调良异常者[27]，不拘三年之例。

子弟且不可于山野放火，延烧林木，伤害虫鸟，有失仁心，违者天必不佑。

邻里有遇水火、贼盗，当尽赴救，不可坐视。否则天必祸之。

注释

[1] 展：开办，设置。 药市：药铺，药店。

[2] 章章：昭著貌。指病因或病症明了。

[3] 慢易：轻慢，怠忽。

[4] 妄与：随便给与。

[5] 圮（pǐ）：塌毁。 淖（nào）：陷没。

[6] 通衢：四通八达的路口。

[7] 汤茗：茶水。

[8] 义冢（zhǒng）：旧时收埋无主尸骨的坟场。

[9] 委：确实。

[10] 槥椟（huì dú）：小棺材。泛指棺材。

[11] 鳏寡：老而无妻或无夫的人。

[12] 寘：设置。

[13] 会（kuài）算：总计合算。

[14] 沽名：猎取名誉。此指虚立名目作假账。 执文：此指拘泥于条款章程。 支：支付财物与人。

[15] 拳拳：诚挚貌。

[16] 容：允许。

[17] 放绝：废弃。此指放逐于外、不与往来。

[18] 宗图：即家族图谱。

[19] 四书：《论语》《大学》《中庸》《孟子》的合称。

[20] 愧：羞辱。

[21] 紒：束发为髻。《仪礼·士冠礼》："将冠者，采衣，紒。" 不冠：没有举行加冠之礼。

[22] 字：指人成年后所取的与名意义相近的字号。

[23] 逊弟（tì）：亦作"逊悌"。指敬顺兄长。

[24] 赵忠敏：即赵范，字武仲，号中庵，衡山（今属湖南省）人。宋宁宗时，官至工部尚书，因事被劾。嘉熙中复职，终知静江府。卒谥"忠敏"。

[25] 左昭右穆：指墓地葬位的左右次序。父曰昭，子曰穆。左为昭，右为穆。

[26] 世：父子相承为世。因以指一代。此指辈分。

[27] 调良：驯服善良。

书诫五条

[明] 蔡　清[1]

一、吾置书于甚难，子孙宜念之。善读之，则忠臣孝子硕德奇才之士[2]，皆自此出，不负吾所以积书之意也。不善读之，或仅足谋禄利而已，行业无闻[3]，物论不与[4]，书于汝竟何有哉？吾墓土亦无辉矣。

二、读书贵乎以序而一，一则可以致精，精则有得而著已矣。学不著己，虽多何为？

三、前辈云：皋、夔、稷、契何书可读[5]？盖此数公者，虽未尝读书，亦未尝不穷理也[6]。穷理力行以致用，学之为道何以加此？吾尝见有胸富万卷。笔下如流，而实于其身不得几字受用者。则学其可不务择术哉？使皋、契辈生今世，吾知其亦自不能已于读书，但其读之得术耳！

四、每读书时，辄有欲取而用之之心[7]，则亦何必多为也。然既有是心，则又自不容不多矣。

五、书籍视他物，尤须爱护。小学书载《颜氏家训》一段尽之矣[8]，其借人更须慎。

注释

[1]　蔡清（1452—1508）：字介夫，号虚斋，明代福建晋江（今福建省晋江县）人。成化进士。历官礼部主

事、南京文选郎中、江西提督副使。著有《虚斋蔡先生文集》。

[2] 硕德：大德。

[3] 行（xíng）业：德行功业，操行学业。

[4] 物论：众人的议论，舆论。

[5] 皋：指皋陶（yáo），亦作“皋繇”。传说中东夷族的首领。偃姓。相传曾被舜任为掌管刑法的官。后被禹选为继承人，因早死，未继位。 夔（kuí）：尧时乐官。 稷：古代主管农事的官。 契（xiè）：传说中商的祖先，为帝喾之子。舜时佐禹治水有功，任为司徒，封于商，赐姓子氏。

[6] 穷理：穷究事物之理。

[7] 辄：每每，总是。

[8] 《颜氏家训》：北齐颜之推撰。始作于齐，成书于隋。共七卷，二十篇。内容涉及当时政治、学术等诸多问题，而对立身、治家、求学、处世等论述尤为详尽，是我国封建社会第一部系统完整的家教著作，被历代学者推为“家训之祖”。

许云邨贻谋[1]

［明］许相卿[2]

治家先分严，而后教行。家人所以吉嗃嗃、吝嘻嘻也[3]。

大宗祠堂[4]，子孙水木本源之地，谒必恭肃，祭必诚敬。如或苟且怠玩，自非先人肖子。礼成，会馂[5]，敦亲睦，议赡恤，讲治生，程教子，劝善规过，绝毋齿及一切人过恶阴私。

大宗子有君道，合宗亲疏长幼，皆宜依向推崇，匡导卫翊[6]，吉凶必谘，宴会必先，百世永敦强干弱枝之义。宗子尤当为世祀，家声自重，强学厉行，动必由礼，抗颜守则[7]，以倡宗人。

古者教道贵豫[8]，今来教子宜自治教始。妇妊子者，戒过饱，戒多睡，戒暴怒，戒房欲，戒跛倚[9]，戒食辛热及野味；宜听古诗，宜闻鼓琴，宜道嘉言善行，宜阅贤孝节义图画，宜劳逸以节，动止以礼，则生子形容端雅，气质中和。及婴孩怀抱，毋太饱暖，宁稍饥寒，则肋骨坚凝，气岸精爽[10]；毋饰金银珠玉绮绣，以导衒侈[11]，以召戕贼[12]。及能言能行能食，时良知端倪发见[13]，便防放逸[14]。故孔子曰："蒙以养正，圣功也[15]。"言，常教毋诳；行，常教后长[16]；食，常教让美取恶；衣，常教习安布素，禁羡华丽。及就傅时[17]，知慧日长，须防诱溺[18]，慎择严正童子师[19]，检约以洒扫应对[20]，进退仪节，勿应虚文故事。一皆身教，躬习倡之，俾自有乐然趋命，跃然代劳意。

教子弟必慎择师友，待师友当备尽诚敬。贤达，远必资遣游从，近令恭勤延访。后生常亲礼法士，熟闻道义言，渐染薰蒸，日与之化[21]，忽不自知其入于高明矣。非类交游[22]，痛惩严禁。

生子质敏才俊，可忧勿喜，便思预加检防。痛抑文艺辩给[23]，只令学礼读书，陶习谦晦[24]，慎厚性情，禁绝浮夸傲诞者游处[25]。如此十许年，庶成美器[26]，否则取祸及亲可惧之，患非一[27]。

士幼而绩学业，以尧舜君民为患。壮而入仕，固当不论崇卑[28]，一以廉恕忠勤，报国安民。为职持此，黜谪何愧[29]？如或贪酷阿纵[30]，负国辱家，贵显只重罪愆[31]，合宗告祀削谱[32]，勿齿于族。

子弟性资拙钝[33]，莫将举业久担[34]，早令练达公私百务[35]。大都教子正是要渠做好人[36]，不是定要渠做好官。农桑本务，商贾末业[37]，书画医卜皆可食力资身。人有常业，则富不暇为非[38]，贫不至失节。但皆不可不学，以延读书种子。惟不可入僧道，不可作书筭手[39]，毋充门隶，毋作谋人，毋作中保人，毋为赘婿[40]，毋后异姓。

男女议婚[41]，须及婿妇成童上下，拟人品于其家法，占性行于其父母兄弟。凡属刑残乱逆、势要富豪、世有恶疾者，勿议。儒素衣冠，量宜成约。惟尽礼，毋徇俗[42]，毋论财。

妇来三月内，女生八岁外，授读《女教》《列女传》，使知妇道。然勿令工笔札、学诗词。

男十岁，勿内宿；女七岁，勿外出。

凡子事父老，必立侍，暑必具衣[43]。事诸父[44]，未冠婚勿侍坐[45]。盖父子分不可狎，狎则慢，然恩不可简，简则疏。闺门之内，肃如尔[46]，恳如尔。

主妇职在中馈[47]，烹饪必亲，米盐必课[48]，勿离灶前。女妇日守闺阁[49]，躬身纺织，至老勿踰内门。下及侍女，亦同约束。如有恣性越礼，游山上塚，赛神烧香，炫露体面，殊非士族家法，子孙必泣谏之，父兄丈夫必痛遏之。

家人离[50]，多由妇人；妇人离，多由黠婢。妇勿听婢语，男勿惑妇言，雍睦其可以渐敦已夫[51]。

毋养幼妇[52]，毋赘女婿。

妾有无子女，勿容持家事、掌家财。

仆婢传言，出入内门，年及十二，更以少者。

尼、媪、牙、媒婆、唱词妇、秽行邻妇，勿容入室。

吾家书生门户，世无大富贵，抑思神害过盈[53]，物忌太盛。后人婚姻不可慕势利，仕宦不得过金紫[54]，才过便思引退。奴婢勿出百人，良田勿踰十顷。畜财及万，以拟吉凶缓急；不啻此[55]，以义散其余；不及此，勿以非义求其足。

谚有之曰："富贵怕见开花。"此语殊有意味。言已开则谢，适可喜正可惧尔。今有方值丰亨，便生骄溢，喜筵庆，赏过饰，婚丧伎乐声容沸沸倾动，仆器服食，珍丽整齐，胜绝乡邦，光映门户，盖是谓已夫。无德富贵，谓之不详，宜急惧思，何暇夸侈。其他凡属逞炫，咸此类耳。子孙有是，真恶消息，亟加敛仰，差缓败倾。又若约而为泰，时屈举赢，则旦夕覆亡之道也。

内外服食淡素，怕存儒酸气味。在常，服葛苎卉褐[56]、土绢绵细；非婚祭公朝，不衣罗纨绮縠[57]。常食，早晚菜粥，午食一肴，非实祭老病，不举杯，不重肉[58]。少未成业，酒毋入唇，丝毋挂身。

器用但取坚整，舟舆鞍辔但致远重，勿竞雕巧绚丽，以乖素风[59]。

祖传琴书故物，慎勿轻视奸贪人[60]。

病求良医，毋计小费，远劳而轻遗[61]，体地访精术。毋惑星卦克应而贻隐祸。

平居寡欲养身，临大节当达生，委命治生[62]，量入节用，徇大义当芥视千金之产[63]。

以吝为俭，以刻为严[64]，以谄为让[65]，以傲惰为厚重，以猥黠为聪明[66]，以阘茸为宽大[67]，何啻千里！

暴慢危亲[68]，干谒辱身[69]，夸己长可耻，幸人灾不仁。能忍事乃济，有容德乃大。古言：“大丈夫当容人，毋为人所容”，“人有不及，可以情恕，非意相干[70]，可以理遣”。达识名言[71]，书绅顾諟可也[72]。

注释

[1] 《许云邨贻谋》：明代许相卿为家人及其子孙撰写的一部家训。所述居家之道，甚为详尽。其基本思想是教育子弟修身持家要勤俭守分，摒弃浮华，这些很有积极意义。但文中所表现出的浓重的小农经济思想和士大夫家庭的生活情趣，则是今天所应该舍弃的。

[2] 许相卿（1479—1557）：字伯台，明代海宁（今属浙江省）人。世宗时官兵科给事。曾屡上谏言，针砭皇帝、朝政过失，但不为皇帝所纳用。因不得志，遂谢病归里。著有《史汉方驾》《革朝志》《云邨文集》等。

[3] “家人”句：语出《易·家人》嗃（hè）嗃，严厉的意思；嘻嘻，喜笑的样子。这两句是说，治家严厉，家人感到恐惧，也可获吉祥；妇人滋长嬉戏之风，失去端庄，终获羞耻。

[4] 大宗：世家大族。

[5] 馂（jùn）：通“飧”。便宴。

[6] 匡导：纠正教导。　卫翊（yì）：护卫辅佐。

[7] 抗颜：犹言正色。指态度严正。

[8] 教道：教育子女的方法。　豫：通“预”。事先有所准备。

[9] 跛（bì）倚：站立歪斜不正，倚靠于物。指不端庄的样子。

[10] 气岸：气概。

[11] 衒（xuàn）侈：显扬富奢。

[12] 召：通“招”。招引，招致。　戕贼：摧残，伤害。

[13] 良知：儒家称人类先天具有的道德意识。　发见：显露。

[14] 放逸：放纵，无约束。

[15] 蒙以养正：语出《周易·蒙》。大意是，用正道教养童蒙。

[16] 后长：在长者之后。

[17] 就傅：傅，负责教导的人。就傅，指入学受教育。

[18] 诱溺：引诱到不好的境地。

[19] 童子师：教授儿童的老师。

[20] 检约：检束，约束。

[21] 化：同化，溶化。

[22] 非类文游：与言行不端的人交往。

[23] 辩给（jǐ）：指口才敏捷，能言善辩。

[24] 晦：掩蔽，隐秘不露。

[25] 傲诞：骄傲放诞。　游处：交游，来往。

[26] 美器：喻贤才。

[27] 非一：不止一端。

[28] 崇卑：高低。这里指官位高低。

[29] 黜（chù）谪：古代官吏因罪被贬降或罢免。

[30] 贪酷：贪婪残酷。　阿（ē）纵：庇护纵容。

[31] 重（zhòng）：增加，加重。　罪愆：罪过，过失。

[32] 削谱：从族谱上将名字删除，以示惩罚。

[33] 性资：天资。

[34] 举业：应科举考试的学业。

[35] 练达：阅历丰富，通晓世故人情。

[36] 渠：他。

[37] 商贾（gǔ）：商人。此指经商。　末业：古代重农轻商，以农为本，商为末。

[38] 不暇为非：没有闲暇时间干坏事。

[39] 筭（suàn）：古代计数的筹码。亦作谋划。

[40] 赘（zhuì）婿：指就婚、定居于女家的男子。以女之父母为父母，所生子女从母姓，承嗣母方宗祧。

[41] 议婚：说亲，商谈联姻之事。

[42] 徇俗：顺从时俗。

[43] 具衣：穿戴整齐。

[44] 诸父：指伯父和叔父。

[45] 冠婚：冠，古代男子到成年则举行加冠礼，一般在二十岁。冠婚，冠礼与婚礼。此指成年男子。

[46] 如尔：如此，这样。

[47] 中馈：指家中供膳诸事。

[48] 课：从事，致力于。即亲自掌管。

[49] 闺阁：阁，指里巷内的门。闺阁，闺门。此指妇女的居室。

[50] 离：离间。

[51] 雍睦：和睦。

[52] 幼妇：少女。此指童养媳。

[53] 神害过盈：财福过多，鬼神也惦着。

[54] 金紫：黄金印章和系印的紫色绶带。此用以代指高官显爵。

[55] 啻（chì）：止。

[56] 葛苎卉褐：用葛、苎等植物的纤维纺线织布做的衣服。

[57] 罗纨绮縠（hú）：皆为丝绸织品。

[58] 重（chóng）肉：两种以上的肉菜。

[59] 以乖素风：背离当时社会上流行的风气。

[60] 轻视：轻易地出示供人观赏。

[61] 远劳而轻遗：求远而轻弃近者。

[62] 委命：献出生命。

[63] 芥视：轻视。

[64] 刻：苛刻。

[65] 谄（tāo）：疑惑。

[66] 獧（xuān）黠：狡猾。

[67] 阘（tà）茸：卑微。

[68] 暴慢：凶暴傲慢。

[69] 干谒：对人有所求而请见。

[70] 非意相干：恶意相犯，无故寻衅。

[71] 达识：富于才干、识见。亦指富于才干、识见者。

[72] 书绅：把要牢记的话写在绅带上。后亦指牢记他人的话为“书绅”。语本《论语·卫灵公》：“子张书诸绅。”邢昺疏：“绅，大带也。子张以孔子之言书之绅带，意其佩服无忽忘也。” 谟：是，此。

韩魏公曰[1]：“内刚不可屈，而外处之以和，事无不济。”试思处世，著力全不在面皮上。

歌舞俳优、鹰犬虫豸、剧戏烟火[2]，一切禁绝。虽乐宾怡老娱病[3]，亦永勿用，以杜赌博、奸盗、争讼、焚荡之隙，且防小子眩惑耳目，蛊荡志习，荒废学业。后患犹未易殚言[4]。

家有好赌、好淫、好酒、好烧炼黄白、好造作风水、好妖妄技术、好奸欺书算、好逞势专利、好狠斗健讼、好交结官府、好竞胜土木[5]，凡丧德败家者，家长先痛绝其端，于长泣谏，于少切责，务须委曲开喻，诚恻感动。

姻亲馈遗，岁只一往，渠来，亦只一受，再必却之。庆弔有事勿拘。

亲旧借贷，须只量力捐助，以尽吾心，勿出本图利，以生后隙。孤嫠婚丧诬枉困甚者[6]，尤必恳恻援济。能凉约而矫情市名[7]，丰余而以衅啬，施皆非理也。但能施，慎毋德色[8]，为鄙丈夫。

燕会亲宾[9]，物意务必雅洁[10]，殷勤致其诚敬。然勿固强以酒，使之失言丧仪成疾，侮薄孰甚焉[11]。欢洽劝侑[12]，令子姓考钟鼓[13]，歌古诗为乐。近世淫声。悉屏不用。于凡嘉事皆然。

毋以小嫌而疏至亲，毋以新怨而忘旧恩。

邻里岁时馈燕，急难贷恤，必洽欢尽诚。

秋成谷贱，量家余力，籴若干千担别储[14]，遇歉时，价粜存籴本[15]。以羡贷乡邻之饥乏者[16]，券约丰偿[17]，免息，连歉，则屏期候丰[18]。不费之惠也。

宁人欺，勿欺人；宁人负，毋负人。

衰荣无常，彼此更共，本由天运。如此富贵，在我何足骄？在人何可妒？妒与竞，于彼何损？徒自坏心术、长过恶耳！若夫处世为大丈夫，造道为圣贤[19]，此则由我，不可让人，性均一，天地。当思与人同归于善，情均一，人也。当思使人同遂其欲，德与人同，福与人同。蘧伯玉耻独为君子[20]，范希文先忧后乐[21]，允矣[22]，圣贤之徒与。

古称“三家村亦有小人[23]”，当思处之之道。只勿与校而渐以理屈之[24]。张子韶谓[25]：“与小人居，常自检点。”司马温公曰[26]：“君子所以感人，其惟诚乎！”范文正公曰[27]：“言欲逊，逊免祸；行欲严，严远侮。”皆当三复力行。

善作家者[28]，闭门而为生之具足。

古称：“受恩多，难立朝。”居乡亦难立身，要须勤俭资身，以免求人。至于子弟，但未冠婚成材，勿容一钱尺帛[29]，以惯浪费。

陆梭山先生曰[30]：古制，国用期九年余三年之食。今家计亦当量入为出，然后用度有准，丰俭得中，怨讟不生[31]，子孙可守。每岁约计耕桑艺畜佃租所入，除粮差种器酒醋油酱外，所有若干，以十分均之，留三分为水旱不虞[32]，七分均十二月，有闰加一。取一月约三十分，日用其一，可余不可尽，用七为中，五欠为啬。计余置籍[33]，以供裘葛，修墙屋，备医药，充庆弔，时节馈遗。又余，周族邻，赈贫贤，恤孤嫠，给佃人，修桥梁诸义事。若产少用广，但当一味节啬不可，侵用次日之物，多难补，渐至困急。诸如前所云，一切不讲免，致干求亲旧，以增过失，责望故素以生怨尤[34]，负讳通借以招耻辱。所谓存十之三分者，不能，则存二分，不能，则存一分，又不能，则苦身节用，稍存赢余，然后家可长久，不然，一旦不虞，必遂破家矣。所谓一切不讲者，非绝其事，但不能以财为礼耳。如弔丧，则先往后罢为助。宾客，则煮茗清谈而已。奉亲最重也，啜菽饮水[35]，尽其欢。送终最大也，敛于足形还葬，悬棺而封。祭祀最严也，蔬食菜羹，致其敬。凡事皆然，则理何歉？我何愧？而家可永保矣！

男姓耕，悉课农圃，主人身倡之。女姓机，悉课蚕织，主妇身先之。风土气候必乘，种性异宜必审，种植耕耨必深，沃瘠培灌必称，芟草去虫必数[36]，壅溉修剪必当必时[37]，程督必详[38]，勤惰必察。此生民第一务。周人王业肇基于此。桑柘、果蔬、牲畜[39]，择人分任，置籍记功，务课日益，怠必罚，废则更之。

田地近凶狡人，亟须托故易之。邻田接畛[40]，却毋设心计取。

户毋受寄，田地，至戒！但力已业，及时输官[41]。昔人，非田畜所生[42]，不衣食，赋税未输，不宴乐，励志畏法，所当师也。

埋没粮税，利己损人，隐匿遗患，天怒神谴，必积余殃。吾有所试矣，戒之禁之。

逋租及时勒索[43]，勿致过时起息。

出责一券毋过十金[44]，收息一斗毋过三分。

毋受投献子女物产[45]。

蠹家莫甚冗食[46]。家众，勿容游手，仆婢虽供给使令者，有课视专职者，量减分数耳。童男女十许岁，度力分授薙牧扫绩[47]，毋令惰旷，期于各食其力。此人理当然，亦天道宜尔。

过房未配男女[48]，给夏衣帐，不过四月望[49]，给冬衣被絮，不过十月朔[50]。只御寒暑，禁饰鲜耀。

家众，训习训谨[51]，绝毋容怙挟亢侮一应人[52]。

毋教家人一切手艺。

仆婢罪非奸盗，杖责毋至二十。狡悍难制者，宜即放绝[53]，亦毋严刑。

一应臧获[54]，亦人子也，宜常恤其饥寒，节其劳苦，疗其疾痛，时其配偶，情通如父子，势应如臂指，我则广吾仁心，而彼自竭其情力矣。

刘忠宣公曰[55]：“事上使下，皆当主之以诚，行之以恕。”恕体其情而诚以动之，将无人不可感，无事不可为。

岁暮，合族祭毕而馂[56]，长众命少者读则一遍，众立听毕，序坐[57]。守身持家有不如则者，众相规警，已亟惩艾犹可图善其后[58]，否则甘蹈颠覆，徒费话言，安事家则也夫。

家传田地山林界限，户籍税粮数日，租债银米杂货廪藏积贮，宾师官府婚丧修造费用，应酬机宜轻重缓急，皆须主人心目一一经历酌量，延访处置[59]，帮以亲信诚慎一人。主人定须每月之晦亲自查算一番[60]，稽考关防，勿令幼子专擅，勿容内人干预。若夫世业书艺耕织，素有定规，略具家则，但一应子孙家众，必须主人禁其交结官府，包揽钱粮，此乃破家辱先之根，虽贫至乞食，亦莫为此。至戒，至戒！此主人一身切要之职也。

注释

[1] 韩魏公：即韩琦（1008—1075），字稚圭，北宋相州安阳（今属河南省）人。仁宗时进士。曾出任陕西安抚使，与范仲淹共同防御西夏，时人称“韩范”。庆历三年任枢密副使。两年后以范仲淹等罢政，自请出外，知扬州，改知定州、并州。于边境防御多有政绩。嘉祐年间，出任宰相，连执政三朝。神宗即位后，出知相州、大名等地。反对王安石变法，与司马光等同为保守派首脑。封魏国公。

[2] 俳（pái）优：古代以乐舞谐戏为业的艺人。

[3] 娱：排遣。

[4] 殚（dān）：尽，竭尽。

[5] 黄白：指术士所谓炼丹化成金银的法术。　妖妄：指妖术。　健讼：好打官司。　竞胜土木：兴修土木以竞炫耀。

[6] 孤嫠（lí）：孤儿寡妇。

[7] 凉约：薄德之举。　矫情：违反常情。　市名：求取名声。

[8] 德色：自以为对人有恩德而表现出来的神色。

[9] 燕：通“宴”。

[10] 物意：众人的心意。　雅洁：雅致高洁。

[11] 侮薄：轻视，轻薄。

[12] 劝侑（yòu）：劝人喝酒、吃饭。

[13] 子姓：泛指子孙、后辈。　考：敲，击。

[14] 籴（dí）：买进谷物。

[15] 粜（tiào）：卖出谷物。

[16] 羡：有余，剩余。

[17] 券约：契据。

[18] 屏期：宽延期限。

[19] 造道：提高品德修养。

[20] 蘧伯玉：春秋时卫国大夫。名瑗。

[21] 范希文：即范仲淹，字希文。

[22] 允：令人尊敬。

[23] 三家村：僻僻的小乡村。

[24] 校（jiào）：相比较。

[25] 张子韶：即张九成（1092—1159），字子韶，南宋钱塘（今杭州市）人。理学家杨时弟子。绍兴进士。历官著作郎、权礼部侍郎等。因反对议和，为秦桧所贬，桧死免归。著有《横浦集》。

[26] 司马温公：即司马光。

[27] 范文正公：即范仲淹，卒谥"文正"。

[28] 作家：治家，理家。

[29] 容：允许。

[30] 陆梭山：即陆九韶，字子美，抚州金溪（今属江西省）人。南宋学者。隐居不仕。曾讲学梭山，因号梭山居士。其学与弟九龄、九渊并称"三陆子之学"。为学以封建伦理的实践为主。曾长期与朱熹进行辩论，反对在宇宙本原的"太极"上还有一个更高本原的"无极"之说。著有《梭山日记》《梭山文集》。陆氏十世同居，家法严肃，可谓高风笃行。

[31] 怨讟（dú）：怨恨诽谤。

[32] 不虞：指意料不到的事。

[33] 置籍：专设簿籍记载。

[34] 怨尤：埋怨责怪。

[35] 啜菽饮水：语出《礼记·檀弓下》。亦省作"啜菽"。意即吃豆类，喝清水。

[36] 芟（shān）：除草。　数：多次，经常。

[37] 壅：给农作物培土或施肥。

[38] 程督：此指对农作物各管理环节的督察。

[39] 桑柘（zhè）：桑木与柘木。此指蚕桑之事。

[40] 畛（zhěn）：田间分界的小路。

[41] 输官：向官府缴纳。

[42] 生：出产。

[43] 逋（bū）：拖欠。

[44] 出责："责"同"债"。出责，即放债。

[45] 投献：将田产托在缙绅名下以减轻赋役。

[46] 冗食：吃闲饭。

[47] 薙（tì）：除草。　绩：纺织。

[48] 过房：无子而以兄弟或同宗之子为子叫"过房"。

[49] 望：农历每月十五。

[50] 朔：农历每月初一。

[51] 训习：亦作"驯习"。训练，使驯服。　驯谨：和顺谨慎。

[52] 一应（yīng）：所有一切。

[53] 放绝：废弃。此指辞退。

[54] 臧获：奴仆。

[55] 刘忠宣公：即刘大夏，字时雍，明代华容（今属湖南省）人。天顺进士。官至兵部尚书。曾筑草堂于东山之下，时称东山先生。卒谥"忠宣"。

[56] 馂（jùn）：泛指进餐。

[57] 序坐：依长幼顺序落座。

[58] 亟：屡次，一再。　惩艾：吸取过去教训，以前失为戒。

[59] 延访：广为访求。

[60] 晦：农历月终。

徐氏家则

[明] 徐三重[1]

一、祠堂以奉先世神主[2]，即所居室东间为之。主以世次递列[3]，出入必告，正至朔望必参[4]，俗节荐以时物[5]，四时祭祀仪式，并遵用文公《家礼》[6]，以二至二分日行事[7]，并岁除凡五祭。祭毕，家众会馔，尊卑长幼叙坐。谈论必礼义仁让之事，不得戏亵及言奸利短长[8]。

伊川程子曰[9]："冠婚丧祭，礼之大者。今人都不理会。豺獭皆知报本[10]，今士大夫家多忽此，厚于奉养而薄于先祖，甚不可也。某尝修《六礼大略》[11]：家必有庙，庙必有杰，月朔必荐新[12]，时祭用仲冬月[13]。至祭始祖，立春祭先祖，季秋祭祢[14]，忌日迁主[15]，祭于正寝。凡事死之礼[16]，当厚于奉生者，人家能存得此等事数件，虽幼者可使渐知礼义。国朝行唐知县胡秉中《祀先凡例》云[17]：除四时仲月祭外，如年节、清明、端午、七月十五、重阳、除夜、则宜献时食酒馔羹饭，奠酒一杯[18]，不用祝文，仍用纸钱。祖考忌日[19]，只祭祖考及祖妣[20]，祖妣忌日，只祭祖妣，不必遍举。仍请神主出中堂享祭，余位忌日同。庶人祭三代，祭物称家有无，拜礼则同。余谓立春、季秋二祭可不必，冬至一祭，即为时祭，更岁除一祭，有祧者亦祭合于此[21]。岁凡五大祭，庶几不疏不数矣。清明、十月朔墓祭，或便祭于家，至墓拜扫，礼如时祭。元旦、端午、重阳，献奠仪如凡例；惟七月十五一祭，其说由浮屠[22]，今世俗通行，不忍独废，从众可也。忌日俱同祭祖考妣，但不必遍及各龛耳[23]。

一、凡遇祭辰，孝子当素服致祭[24]，是日不得饮酒、食肉、听乐，夜则出宿于外。

一、纸钱纸锭，事虽不古，然也所习用，从俗无妨。至于崇作佛事及祈祷徼福之类[25]，一切罢绝。

一、祠堂所以奉先，长子孙当严洒扫扃钥之事[26]。有力则特备祭器，谨藏待用；不及，即以家用常器，但须净洁。祭物随力丰俭，定为常品，务以诚意为主。祭服各随所宜，仕者以冠带，儒以衣巾[27]，庶人以深衣，贫不克办[28]，即常服亦无不可[29]，要在身心自尽情礼，器服非所宜拘。

一、子孙入祠堂者当正衣冠，即如祖考在上，不得嬉笑、对语、疾步。祭祀之时，务须诚敬，不得离席自便，与夫跛倚、欠伸、哕噫、嚏咳一切失容之事[30]。

一、古者支子不祭[31]，盖冢子奉祀而众子与焉[32]，礼也。今时俗兄弟咸自为祭，虽若各伸其情，而一体逊让之意绝无矣[33]，安得尚有惇睦之风[34]？此背礼乖义之甚者，去古已远。宗法难立，至于长子为主，诸弟雁序[35]，迭为祼献[36]，而祭毕之燕[37]，欢然一堂，事亲从兄，情礼曲尽[38]，此岂迂阔而难为者耶[39]。

一、吾松赋繁役重[40]，家业易为消长，虽立祭田[41]，难为永守。惟子孙勤苦节俭，以延门户，庶及不废蒸尝[42]。祭物量力而具，不求丰侈，兄若不及，弟即助之；兄能自办，不必取索于弟，各以礼义自尽。孝友，则无祭田而祖宗血食无穷矣[43]。

一、祖宗坟墓，最为重事，子孙视之，宜如血肉。但废兴无常，承守不易。其茔域制度[44]，但取坚固，不在高广。弗作无益以侈目前。使葬者无虞[45]，生者易保，此正悠久之长计也。

注释

[1] 徐三重：字伯同，明松江华亭（今属上海市）人。万历进士，官刑部三年，后因病归家。自幼嗜学，嘉言懿行，远近奉为楷模。有《徐氏家则》《庸斋日记》等著作。学者称其为鸿洲先生。

[2] 神主：指为已死的前辈做的牌位。

[3] 递列：按顺序排列。

[4] 正至：指正月、夏至、冬至。　朔望：指旧历的每月初一和十五日。

[5] 俗节：习俗的节日。　荐：进献。

[6] 文公：即朱熹（1130—1200），南宋哲学家、教育家。字元晦，一字仲晦，号晦庵，遁翁，晚年徙居建阳考亭，又主讲紫阳书院，故亦别称考亭、紫阳，徽州婺源（今属江西省）人。曾任秘阁修撰等职。著有《四书章句集注》《诗集传》等。后人辑有《晦庵先生朱文公文集》《朱子语类》等。　《家礼》：宋朱熹撰。五卷，附录一卷。是一部阐述冠礼、婚礼、丧礼等礼仪条例的著作。据《四库全书总目提要》载："《家礼》非朱子之书……然自元明以来，流俗沿用。"故仍习称为朱子所撰。

[7] 二至二分：指每年的夏至、冬至、春分、秋分。

[8] 戏亵：指（语言）轻薄。　奸利：指非法谋取利益。

[9] 伊川程子：即程颐（1033—1107），字正叔，洛阳人，世称伊川先生。北宋哲学家、教育家。与其兄程颢同为北宋理学创始者，他们的学说为朱熹所继承和发展，世称程朱学派。著有《易传》《春秋传》等。

[10] 豺獭：指豺和獭两种兽。因前者在深秋时杀兽以备冬

粮，陈于四周，好像人之陈物而祭，所以古人称“豺祭”；后者常捕鱼陈列水边，如同陈列供品祭祀，古人称此为“獭祭”。

[11] 某：应指程颐。《六礼大略》：宋程颐著。是一部讲礼仪的专著。

[12] 月朔：每月初一日。

[13] 时祭：指四时祭祀。仲冬月：冬季的第二个月。即农历十一月。

[14] 祢（nǐ）：指死去的父亲。父死，神主入庙后称祢。

[15] 迁主：移动死者神位。

[16] 事死：供奉死者（神灵）。

[17] 国朝：此指明朝。行唐：汉朝设置南行唐县，北魏时始改行唐县，在河北省西部。知县：管理一县行政的长官。胡秉中：上海人。明朝洪武初举人材，任行唐知县。绘《祀先》《孝顺》《节义》三图，以礼教民。又以王安石、司马光等先贤诗训编成《论俗篇》，用以教民读书，使百姓通晓礼让。《祀先凡例》：明代胡秉中著。是一部专讲祭祀礼仪的专著。

[18] 奠酒：洒酒于地以祭神。

[19] 祖考：已故的祖父。

[20] 祖妣：已故的祖母。

[21] 祧：祖庙或祠堂。

[22] 浮屠：即佛教。此指七月十五祭祀，缘于佛教。

[23] 龛（kān）：供奉神佛或神主的石室或小阁子。

[24] 素服：白色的衣服。

[25] 崇作：崇尚并举行。

[26] 扃（jiōng）钥：门户锁钥。即关闭门户。

[27] 儒：指读书人。

[28] 克：能够。

[29] 常服：指日常穿用的衣服。

[30] 跛（bì）倚：站立歪斜，倚靠于物。指不端庄的样子。 欠伸：打呵欠，伸懒腰。 哕噫（yǔe ài）：打呃，打嗝。

[31] 支子：嫡妻的次子以下及妾子为支子。

[32] 冢（zhǒng）子：长子。

[33] 逊让：谦让。

[34] 惇睦：笃厚和睦。

[35] 雁序：整齐有次序。

[36] 迭为祼献：轮流进行用香酒洒地，以腥热之食献神的礼仪。

[37] 燕：通"宴"。宴会。

[38] 曲尽：周遍详尽。

[39] 迂阔：不切合实际。

[40] 吾松：因作者是松江华亭（今上海市松江县）人，故称"吾松"。

[41] 祭田：旧时族田中用于祭祀的土地。

[42] 蒸尝：指祭祀之事。

[43] 血食：享受祀品。古时杀牲取血用于祭祀，故称。

[44] 茔域制度：墓地和坟墓的规模。

[45] 虞：忧患。

一、祖宗坟墓，以时展省[1]，寒食及十月朔宜致祭。树木不得伤伐，垣宇务须完缮[2]，冢土年久浅塌更取培之[3]。家道消长有数，子孙贫富不齐，第取随力厚薄自尽情事[4]。苟存反本之心[5]，宁令先人骨肉之地漫同荒莽耶？

一、朔望恭谒祠堂毕，至中堂[6]，长幼尊卑以次相揖，有事则会议，无则退。

一、每旦夙兴[7]，干理家务[8]，凡事须父子兄弟同心商略[9]，断以理义[10]，务正公平。子弟各尽职业，分劳效力，毋独顾己事，毋自适释己怀[11]，毋妒有怯无[12]，毋背亲交外[13]。谋事必悉心，御变则戮力[14]，手足腹心，人人一体，此昌门保祚之要道也[15]。呜呼！世道浇漓[16]，风土恶薄，雍睦之事寥寥罕睹[17]。然成败之应，毫发无爽，此岂皆不读诗书者耶？习俗所涅[18]，家世所延[19]，恬而莫悟[20]，是在父兄明理，作法于常[21]，而圣贤成训具讲于素[22]，庶几赖天祐以共成此风乎。

司马温公曰[23]：“凡为家长，必谨守礼法，以御群子弟及家众，分之以职，授之以事，而责其成功。制财用之节，量入以为出，称家之有无，以给上下之衣食及吉凶之费，皆有品节，而莫不均一。裁省冗费，禁止奢华，常须稍存盈余以备不虞。余谓此数语，岂但该治家之事，温公经纶海内[24]，再致升平[25]，即此机轴[26]。”

一、为家长最难。必明礼义，识时务，谙事体[27]，通人情，乃可以主持家业，和合人心。夫礼义须读书，时势须明达，事体须阅历，人情须体恤，兼此四者，家运必大昌矣。然何可易言。

一、家长最当谨守礼法，不得妄为。至公无私，不得偏向。又须以至诚待下，常存平恕。临事之际，毋察察而明[28]，毋昧昧而昏[29]，好恶必当，体恤必周，视一家如一身，以一身整束一家，则法行而情合矣。

王疑御家以四教[30]：“勤、俭、恭、恕”；正家以四礼[31]：“冠、婚、丧、祭”。夫勤、俭、恭、恕，阙一不可[32]。

一、子弟智、愚、贤、不肖，虽有天命，然父兄须教以读书，皆不可令废弃。纵痴蠢顽悍，若少知理义，亦不敢肆然为非[33]，至不可理谕也[34]。家贫力难延师[35]，父自教之；弟若幼小，则兄教之。夫使子弟知书循理，则父兄亦可免不良之累，彼此俱有益矣。世俗善经营者，往往业驵侩[36]；子弟狡慧，则习刀笔[37]，二项皆可营生。第恐相安于奸利，则诗书种子遂绝，将来有不肖者，礼义廉耻荡然，更无所不至矣。岂若读书耕田，以清贫勤苦立家业。布袍蔬饭，世为士人。令父子兄弟人人礼乐文章，所谓匹夫而缙绅[38]，畎畝而朝列[39]，顾不光隆与[40]。

一、王阳明先生《客座私祝》曰[41]：但愿温恭直谅之友[42]，来此讲学论道，示以孝友谦和之行，德业相劝，过失相规，以教我子弟，使毋陷于非僻[43]。不愿狂躁惰慢之徒[44]，来此博弈饮酒[45]，长傲饰非[46]，导以骄奢淫荡之事，诱以贪财黩货之谋[47]，冥顽无耻[48]，煽惑鼓动，以益我子弟之不肖。呜呼！由前之说，是谓良士；由后之说，是谓凶人。我子弟苟远良士而近凶人，是谓逆子。戒之戒之！嘉靖丁亥八月[49]，将有两广之行[50]，书此以戒为子弟，并告以夫士友之辱临于斯者[51]，请一览教之。呜呼！公教戒亦严矣，吾辈何敢言此。为子弟者，乌可不知[52]。

注释

[1] 展省：察看。

[2] 垣宇：围绕墓地的矮墙。

[3] 冢土：墓土。指坟丘。

[4] 第：只能。

[5] 反本：指回报先辈养育之恩。

[6] 中堂：厅堂或庭院。

[7] 夙兴：早起。

[8] 干理：料理。

[9] 商略：商量谋划。

[10] 断以理义：用公理或正义作出决断。

[11] 毋自适释己怀：意为不要只顾自己悠然闲适，自得

其乐。

[12] 妒有怯无：忌恨富的而看不起穷的。怯，舍弃。

[13] 背亲交外：分裂亲族结交他人。

[14] 御变：抵抗突发事情。 戮力：合力。戮，通“勠”，并，合。

[15] 昌门保祚：兴盛家业、永保福运。

[16] 浇漓：浮薄不厚。

[17] 雍睦：和睦。

[18] 涅（niè）：染污。指坏环境的影响。

[19] 延：诱引。

[20] 恬而莫悟：安于现状而不知省悟。

[21] 作法：制定家法、规则。

[22] 成训：成文的教诲。 素：平常。

[23] 司马温公：即司马光（1019—1086），字君实，陕州夏县（今山西夏县）人。北宋大臣、史学家。宋神宗初，任翰林兼侍读学士、卒后，追封温国公。其所编《通志》赐名《资治通鉴》。诗文有《司马文正公集》。

[24] 经纶：指治理国家的抱负和才能。

[25] 升平：太平。

[26] 机轴：心计。

[27] 谙：熟悉。 事体：事理。

[28] 察察而明：指在细枝末节上用心而自以为明察。

[29] 昧昧而昏：指陷于沉思而认识模糊。

[30] 御家：治家。

[31] 正家：使家庭关系协调有序。

[32] 阙：同“缺”。

[33] 肆然为非：无所顾忌地去做坏事。

[34] 理谕：用道理教诲。

[35] 延师：聘请老师。

[36] 业：从事于。 驵侩（zǎng kuài）：说合牲畜交易的人。后泛称经纪人，即现今的中间人。

[37] 刀笔：指读书写文章。

[38] 缙绅：旧时官宦的装束插笏于绅带间。借指士大夫。

[39] 畎（quǎn）亩：指农民。 朝列：指入朝为官。

[40] 顾：难道。 光隆：光辉隆盛。

[41] 王阳明：即王守仁（1472—1528），字伯安，余姚（今浙江余姚）人。明朝理学家。曾于阳明洞讲学，学者称阳明先生。先后任刑、兵部主事。提创“心学”。著有《传集录》《王文成公全书》。 《客座私祝》：篇目名。见《王阳明先生全集》之《论学术》。

[42] 直谅：正直诚信。

[43] 非僻：指邪恶。

[44] 狂躁：浮躁轻率。 惰慢：懈怠不敬。

[45] 博弈：赌博和下棋。

[46] 长傲：滋长傲气。 饰非：粉饰掩盖错误。

[47] 黩货：贪污纳贿。

[48] 冥顽：愚昧顽固不明理。

[49] 嘉靖：明世宗朱厚熜年号，公元 1522—1566 年。丁亥：即公元 1527 年。

[50] 两广：广西和广东的合称。

[51] 辱临：敬称他人的来临。 斯：指王阳明家中。

[52] 乌：疑问副词。何。

一、温良恭俭让，至圣大德。吾徒读圣贤书，所学何事？世教不修[1]，士风乖错[2]，乃以有狂怪为多能，倾险为有智[3]，浪语高视为不凡[4]，斗群讪上为志节[5]，喜事玩法为倜傥[6]，钻投巧合为便慧[7]，日流日甚[8]，势且举上下长幼之序而蔑弃之[9]，殆于所谓经明行修[10]，贤良本色事，如水火冰炭矣。夫平日讲诵书传，所载立身行己之方，待人接物之道，竟是何语？士君子读书，正将为之。今所读如此，所为如彼，恬不足怪。则已沉溺于耳目之见闻，便安于心志之放纵，而不复忆孔、孟、颜、闵是何等人[11]，此岂独志节所关，恐亦非身世之福。好学者无用多言，第常将《论语》一书理会[12]，便自脱此习气。

一、子弟性行最宜检防，具淫博酗狂[13]，势必破荡者[14]，固应痛加绳饬[15]。至于结徒任侠，走马击剑，驰逐鹰狗，衍学拳捷[16]，交接诐邪[17]，放浪酒食，出入坊肆[18]，流连歌舞及小时畜养鸟鹊，弹射飞走，一切无益有损之事，皆应禁绝。不得视为幼稚，漫同戏嬉，恐习以性成，便乖端慤[19]。门户所系，乌得不严。

一、世故多端，人情变态。虽圣贤正道，自足立身，然不谙事机，则触处有碍[20]。子弟读书之外宜令练达[21]，庶可以应众酬物，主张门户。但不可习于奸谲[22]，同趋世风，如刁猾，如强梁[23]，如贪诈，如欺公罔私，如巧文玩法，则入于佞邪小人之俦矣[24]。

一、闺门之体，最谊谨严。况吾松厮养太众[25]，岂得无别。且亲戚之家多有交往，初稍滥觞[26]，末当浸漫[27]，因俗制节[28]，正家者何可不谨守持之也。凡家室之制，须有中门，以老幼端厚者一人守之，早启暮闭。妇女无故不得出，女奴年十二，不得擅出，男仆年十五，不得擅入，违者责之。亲姻问遗[29]，守者传递出入，其在外一应非类，如所谓三姑六婆者[30]，并不许入。妇女在内，夜行以烛，无烛则止。叔嫂不同言，男女不同室，居处相隔，行止相避，不共相圊清[31]，不共湢浴[32]，不亲相授受，不同席饮食，所以谨嫌厚别也[33]。凡诸妇于本家[34]，父母在则归宁[35]，没则否[36]，兄弟有庆吊大事[37]，则暂往，不得过宿，远则不往。本家人来，惟父与同生兄弟、至亲甥侄，则相见，馀并否。相见时，必子弟引入，遇夜则不入。其亲俗有为僧道者，虽至亲不得往来。女子年十岁以外，不得从母至外家[38]，馀虽至亲家，亦不得往。若男子往外家内家及姊妹之家[39]，必先令人通命，然后肃入。叙坐之后，言语须报敬慎，语毕而退，不得左右忤视[40]。盖以礼自处，以礼处人，非二事也。

陶九成《南村辍耕录》[41]：三姑者，尼姑、道姑、卦姑也；六婆者，牙婆、媒婆、虔婆、药婆、师婆、稳婆，盖与三刑六害同也[42]，人家有一于此，而不致奸盗者几希矣。若能谨而远之，如避蛇蝎，庶乎净宅之法。按：九成天台人[43]，元末避乱，徒松江，居泗泾南村[44]。其云三姑六婆，必吴下旧俗[45]，目睹弊事，故为深戒而如此。

一、妇人之职，惟女工中馈[46]，其有才能者，只宜克相夫子[47]，佐理内事[48]，安得交往亲识，兼攻杂艺[49]。《诗》云[50]："无非无仪"[51]，得无因仪而仪而非耶？夫淫冶之习[52]，古今大戒，其所由然，皆以防范素疏[53]。性情无制[54]，彼习观漫衍之俗，而不复知有身名之大闲耳[55]。昔人谓妇女水德，纵即泛滥，稍示堤防，安得不日就准绳耶。凡妇女在内，但守家常，不得出游庄舍，不得辄置酒席[56]，不得赴远亲燕会，不得督阃外杂事[57]，不得效匪人衣饰，不得通交易妇女[58]，不得多饮酒，不得习技艺。夫世俗好讥议，往往闻他家事，则非笑之。情昵所昧[59]，耳目不加，安知其家不更为他人非笑也。所贵明示典则，共成端良。先身以立教，鉴弊而作法[60]，毋谓且然，必规古昔，其责固不在好礼之士耶。

注释

[1]　世教：指当世的正统思想、正统礼教。　修：遵循。

［2］ 士风：指士大夫的风气。 乖错：混乱。

［3］ 倾险：用心邪僻险恶。

［4］ 浪语：空话，不切实际的话。 高视：傲视。

［5］ 斗群：面对众人。 讪上：毁谤在上位者。多指毁谤君王。

［6］ 喜事玩法：喜欢多事、不严肃认真地对待法令。 倜傥：指不同寻常。

［7］ 钻投：诳骗投机。 便慧：灵巧聪慧。

［8］ 日流日甚：指这种风气一日胜过一日。

［9］ 势：情势。 举：列举。 蔑弃：轻视，鄙弃。

［10］ 殆：乃。 经明行修：指经学博洽、德行完美。

［11］ 孔、孟、颜、闵：分指孔子、孟子、颜回、闵子骞。孔子（前551—前479），名丘，字仲尼，鲁昌平乡陬邑（今山东曲阜东南）人。春秋末年思想家、教育家、儒家创始者，其所创儒家学说对后世影响极大。孟子（约前372—前289），名轲，字子舆，邹（今山东邹县东南）人。战国时思想家、教育家、政治家。被认为是孔子学说的继承者，有“亚圣”之称。著有《孟子》。颜回，即颜渊（前521—前490），名回，字子渊。春秋末鲁国人。孔子学生。贫居陋巷，箪食瓢饮，而不改其乐。孔子称赞他的德性。早年卒后，孔子极其悲恸。后被封建统治者尊为“复圣”。闵子骞（前536—前487），名损，字子骞，春秋末鲁国人。孔子学生。在孔门中以德行与颜回并称。

［12］《论语》：儒家经典之一。共二十篇。为孔子弟子及其再传弟子关于孔子言行的记录。 理会：理解领会。

［13］ 淫：贪色。此指嫖娼。 博：博戏的用具。此指赌博。 酗：酒醉而发怒。 狂：狂放，放荡。

［14］ 破荡：即破家荡产。

［15］ 绳饬：约束指责。

［16］ 衍学：演练学习。 拳捷：本为勇壮敏捷。引申为拳脚武术等。

［17］ 诐（bì）邪：指偏邪不正的人。

［18］ 坊肆：市肆，商店。此指娱乐场所。

［19］ 端悫（què）：正直诚谨。

［20］ 触处：到处，随处。

［21］ 练达：阅历丰富，通晓人情世故。

［22］ 奸谲（jué）：诡诈。

［23］ 强梁：强横凶暴。

［24］ 俦：辈，一类人。

［25］ 厮养：厮役。指干杂事劳役的人。

［26］ 滥觞：泛滥。此指放纵、不加节制。

［27］ 浸漫：涨溢。此指交往泛滥、不可收拾。

［28］ 制节：节俭克制。

［29］ 问遗：指慰问馈赠。

［30］ 三姑六婆：三姑，即尼姑、道姑、卦姑；六婆，即牙婆（以介绍人口买卖的妇女）、媒婆、虔婆（鸨母）、药婆（给人治病的妇女）、师婆（女巫）、稳婆（接生婆）。

［31］ 圊（qīng）清：指使用同一个厕所。

［32］ 湢（bì）浴：指用同一浴室洗浴。

［33］ 谨嫌厚别：指严防嫌疑发生而尽量分别开来。

［34］ 本家：指已婚妇女的娘家。

［35］ 归宁：已嫁女子回娘家看望父母。

［36］ 没：指父母去世。

［37］ 庆吊：指喜事与丧事。

[38] 外家：此指母亲的娘家。

[39] 内家：此指妻子的娘家。

[40] 忤视：正面看，面对面看。

[41] 陶九成：即陶宗仪，字九成，号南村，元末明初浙江黄岩人。勤于著述，耕时常带笔砚，有所得则书之，集成《南村辍耕录》。又著《国风尊经》《南村诗集》等。 《南村辍耕录》：元陶宗仪撰。共三十卷。此书乃作者隐居时，劳作之余，辍耕树荫，遇事摘叶记之，放一盒内，前后十年时间，积累数十盒而编录成书。书中杂记见闻琐事，内容丰富，具有史料和文学价值。

[42] 三刑：古代星相家将十二支与五行四方相配，据其生克之理以推吉凶。子卯为一刑，寅巳申为二刑，丑戌未为三刑。凡逢此三刑之地则凶。 六害：古时阴阳家的一种学说。谓年、月、日之辰皆有六合，与六合相冲之辰也有六，是为六害。例如，正月建寅，与亥合，与巳则冲，所以寅与巳为害；二月建卯，与戌合，与辰冲，所以卯与辰为害。其余类推。

[43] 九成：即陶宗仪，字九成。

[44] 泗泾：镇名。在今上海市松江县东北。

[45] 吴下：泛指吴地。下，用于名词后表示处所。春秋时吴国所辖地域。包括今江苏、上海大部及安徽、浙江、江西的一部分。

[46] 中馈：指家中供膳诸事。

[47] 克：能够。 相：辅助。

[48] 佐理：协助治理。

[49] 杂艺：指各种技艺。

[50] 《诗》：《诗经》的简称。儒家经典之一。成书于春秋

时代，凡三百零五篇，分“风”、“雅”、“颂”三大类，是我国最早的诗歌总集。

[51] 无非无仪：语出《诗经·小雅·斯干》。诗意是，不要犯错，不要自作主张。

[52] 淫冶：轻狎。

[53] 素疏：向来疏忽不严。

[54] 无制：不受约束。

[55] 大闲：基本的行为准则。

[56] 辄置：擅自置办。

[57] 阃（kǔn）外：家庭之外。

[58] 交易：指做买卖。

[59] 情昵：指情爱，感情。

[60] 鉴弊：明辨弊端。

一、妇人贤明者稀，况不读书，寡见大义，其啬以成家者[1]，或昧大体，而乐于时俗者，尤难执德[2]，要在男子随事据理，一一明白开导之。若复溺于衽席[3]，苟阿其意[4]，彼遂习于相安，恬然自信[5]，此非独彼妇之过，而其夫实成之也。凡家庭事，有世俗所沿，诗书所责者，当理谕譬晓，务令灼然知如此为是，如此为非。但词严义正，非甚不慧[6]，鲜有不警戢者[7]。若必执迷自遂[8]，正可知其夫平日闺闱之事矣[9]。鲁夫人不德，圣人犹罪其子[10]，况身挈夫纲[11]，而不能相率以正，责将谁委。

一、男女之辨，正在内外，则妇人不当出外明甚[12]。予尝至宜兴[13]，旅寓民舍，罕见妇女形迹，亦绝无往来道路，此土俗之最美者。良家子女，固不宜轻出行游及抵亲识。至于探望姻党[14]，辄遣妇女飘扬衢路[15]，肩摩稠人[16]，大非雅观；必不得已，第可命老幼童竖相致问信[17]。若远亲之家，吉凶礼节，已有男子在外交际，恶用复需妇人哉。

一、妇人女子，最易以佛诱，不但倾财施舍，浮费无益[18]，乃有交往尼姑道姑任其出入者，乃有轻至佛寺道院烧香游瞩者[19]，乃有建设佛堂于家，以便焚修并招致佛侣者[20]；缘老者惑于福罪[21]，少者喜于放荡，而主者又无古礼正义以检遏之[22]，身名家苑，蔑弃不惜，最为邪僻败度之事，何用别立家规而后晓也。昔人排佛老，谓其要在明先王之道，若修齐之士以先正仪理[23]，作法门庭。安得复有兹事。

一、生女许婚，宜待笄年[24]，不得太早。世俗多有幼小受聘者[25]，数岁之内，不惟男女变故难期[26]，且家事亦有聚散，婿或孤贫无倚，妇家不免收赘[27]，异族同处，内外当闲，此慎微别嫌第一事也。若年齿各长[28]，此嫁彼娶，宁复虑此。

一、古者义门同居[29]，即父兄子弟，犹严内外。世俗有以异姓亲识佐理家事者，出入无禁，男女杂行，即其人素最谨厚，宁不少防其渐耶。夫礼戒嫌疑，岂因实有斯事，而端明识士已操终始永怀。盖赋性难齐，居常易染，昔人制度，于必无者尚恐其有，况或有者，宁可便策其无[30]。凡家事，宜父子兄弟自为经理，切勿轻纳异姓，更恐将来改移，反成怨衃[31]。至于孤贫收养，亦不可苟[32]，大都仁义之事，当图永纶[33]，庶全盛美[34]。

一、亲宾往来，延款之礼酌于新故[35]，务合其宜，必令可常。有留宿者，虽极至亲卑幼，亦当出就外馆。

一、家人同居，易生玩狎，鲜能以礼自将[36]，此乖忤所由生也。《易》曰[37]："家人嗃嗃悔厉吉，妇子嘻嘻终吝。"[38]正言以严得合，因宽致戾[39]，垂训切矣。凡父子、兄弟、夫妇之礼，不过日夕接对，语言动静之间，书记所载，素所诵习，人自不体耳。但以礼约饬，不惮烦劳，如父坐子立，兄行弟随，见长者则起，对应必以名，出必告，反必面[40]，事必禀命，朝问安，夕定省[41]，诸如此类，肃而行之，习而安之，上为而下效之，则慢易骄抗之性自然消融，而和顺之风，未有不成者也。

宋吕汲公（大防）在相位[42]，其兄大忠自外郡代还[43]，相与坐东府堂上，夫人自廊下降阶趋谒[44]，以二婢掖侍而前[45]。兄遽曰："宰相夫人不须拜"。公解其意，叱二婢使去，夫人独拜于赤日中，尽礼而退，略不顾劳。又柳仲涂开曰[46]："皇考治家孝且严[47]，旦望弟妇等拜堂下毕[48]，即上手低面听我皇考训戒曰[49]：'人家兄弟无不义者，尽因娶妇入门，异姓相聚，争长竞短，渐渍日闻，偏爱私藏，以至背戾。分门割户，患若贼仇[50]，皆汝妇人所作。男子刚肠者几人[51]，能不为妇人言所惑，吾见多矣。若等宁有是耶[52]？'退则惴惴不敢出一语，为不孝事，开辈抵此赖之[53]，得全其家云。"观此二事，可知宋士大夫家法之严，宜其多贤人君子。

注释

［1］ 成家：持家。

［2］ 执德：遵守道德规范。

［3］ 衽席：借指男女色欲之事。

［4］ 苟阿（ē）：随意迎合。

［5］ 恬然自信：胸中恬淡、自以为是。

［6］ 慧：聪明。

［7］ 警戢：敏悟约束。

［8］ 执迷自遂：固执不悟、自愿沿袭前非。

［9］ 闺闱：内室。

［10］ "鲁夫人"二句：据《史记·齐太公世家》载：鲁桓公和夫人去齐国。鲁夫人私通齐襄公，鲁桓公知道后，怒斥夫人，结果鲁夫人告之齐襄公。齐襄公便用计杀害了鲁桓公。后世史家称鲁夫人品德不好。 圣人：即孔子。

［11］ 身挈：亲自执掌。

[12] 明甚：本为毫不隐蔽。引伸指露面太多。

[13] 宜兴：旧县名。治所即今江苏宜兴市。

[14] 姻党：有姻亲关系的各家族或其成员。

[15] 衢（qú）路：道路。

[16] 肩摩稠人：指拥挤于众人之间。

[17] 童竖：小孩。

[18] 浮费：浪费。

[19] 游瞩：游玩观光。

[20] 焚修：烧香修行。 佛侣：僧侣。即佛教徒。

[21] 缘：牵连，致使。

[22] 检遏：检查防范。

[23] 修齐：指修身齐家。

[24] 笄（jī）年：指女子成年。

[25] 受聘：旧时婚俗，女家接受男家的聘礼，称受聘。

[26] 变故难期：意外发生变化或事故，难以实现期约。

[27] 收赘（zhuì）：招女婿入门。

[28] 年齿：年龄。

[29] 义门：旧时指崇尚正义或道德规范的门族。

[30] 便策：策，谋划，测度。便策，指随意认为。

[31] 怨衅：怨恨和祸患。

[32] 苟：随便。

[33] 图：考虑，谋划。 永纶：纶，通“伦”。永纶，指永远合乎人伦道德。

[34] 庶：幸而。

[35] 延款：招待。 酌：斟酌。

[36] 将：控制，约束。

[37] 《易》：《易经》的简称。又名《周易》。儒家重要经典之一。内容包括《经》和《传》两部分。《经》主

要是卦辞和爻辞；《传》包含解释卦辞、爻辞的七种文辞，共十篇，统称《十翼》。

[38] “家人嗃嗃”二句：语出《易经·家人》。意思是，家人经常受到家长教诲会戒惧勤勉，从而获到吉祥；妇人孩子终日嬉闹调笑，不加约束必然导致灾难。

[39] 戾：暴虐。

[40] 面：当面告回。

[41] 定省：指子女向亲长问安。

[42] 吕汲公（大防）：即吕大防（1027—1097）。北宋大臣。字微冲，汲郡（今河南省汲县）人。故称汲公；后迁居京兆蓝田（今属陕西省）。宋仁宗时举进士，历任知县知州。宋哲宗元祐年间，官至尚书左仆射，与范纯仁、刘挚等同时执政，废除新法。后一再被贬，死于虔州（今江西赣州）。

[43] 大忠：即吕大忠：字进伯（一作晋伯），汲郡（今河南省汲县）人，皇祐进士，为签书定国军判官。元丰中为河北转运判官，后知谓州，因与章惇等议不合，徙知同州，迁宝文阁待制。著有《辋川集》等。 外郡：京都以外的州郡。 代琮：朝廷大臣出任外官的重新被调回朝廷任职。

[44] 降价趋谒：（出于恭敬）走下台阶前来进见。

[45] 掖侍：搀扶。

[46] 柳仲涂：即柳开（947—1000），字仲涂，大名（今属河北省）人，北宋散文家。以韩愈、柳宗元的继承者自居。官殿中侍御史。主张作文应有助于封建教化。反对宋初的华靡文风。著有《河东先生集》。

[47] 皇考：对死去的父亲的尊称。

[48] 旦望：朔望。即农历每月的初一和十五。

[49] 上手：开始。

[50] 患若贼仇：厌恶的如同仇恨盗贼那样。

[51] 刚肠：刚强正直。

[52] 若等：你们。

[53] 开：即柳开。

一、骨肉一体，义同忧乐，患难则戮力[1]，困苦则相济，此天理人情所关，非缘读书好礼而后然也。第亦须各循分义[2]，共为君子。偶缘遭际，则彼坐视者为小人矣。倘由凶贼致祸，或以浮荡破家[3]，使至亲虽欲救援，难为心力，则亦不足深惜矣。夫为人而使至亲叹惋不足惜[4]，诚何如人？如此犹不自责，乃更怨人，则必无为善之路矣。

向魋凶骜[5]，使大贤愁叹[6]；王敦恶逆[7]，致忠荩危疑[8]。贤者不能使不肖迁移[9]，而不肖乃足累贤者门户，虽事由家运，数以夭亡，而彼狂执迷，以倾坠宗祊[10]，悲愤血属[11]，诚何心也？卫讥相鼠，齐刺绥狐[12]，或放利而莫辨亲疏[13]，或宣秽而不明上下[14]，是又手足而爪牙，肌体而毛革者。兹等有生，必缘沴气[15]，永垂天命，终殄人伦[16]。特志明章[17]，用昭痛斥[18]。

一、唐河东柳氏家法[19]，子弟学业未成，不听食肉[20]，非惟习于贫苦，且欲其识齑盐之味[21]，往时名公巨卿犹然甘之[22]，至鄙肉食为膏粱骙子[23]，又何论学业成与未成耶？

一、子弟未冠者[24]，不以字行[25]，不以第称[26]，古法也。今于子侄以名，诸弟以行，子弟自称以名。其称父叔诸兄，则各以本等名分，加行第以别之。若字与号，则识友相呼[27]，不当在门内也。

宋晁以道申戒子弟[28]，皆以法度。群君相呼，外姓尊长，必曰某姓第几称若兄；诸姑、尊姑之夫[29]，必曰某姓姑夫，某姓尊姑夫，未尝敢呼字也。其言父党交游[30]，必曰某姓几丈[31]，亦未尝敢呼字也。

一、子弟少而名，及冠而字，所以责成人之道。行礼似不宜简，其仪式具在文公《家礼》。若女子名与字，今人类多忽之。至于俗节[32]，多为烦琐，而礼经正款[33]，乃不复行，太可笑也。凡生女则名，及笄而字，皆为备礼[34]，使知尊名重身之义，以成妇德，顾不美欤[35]。

司马温公曰[36]：冠者，成人之道也。成人者，将责为人子、为人弟、为人臣、为人少者之行也。将责四者之行于人，其礼可不重与。窃谓人生成立，事从冠始。今此礼废坏，纵峩冠、华弁[37]，自视不异童孺[38]，岂复顾重身名，志图弘远。信知古者礼从义设[39]，所成人多矣。

一、婚姻之礼，其仪式具在文公《家礼》。亲迎奠雁俱不可废[40]，一应俗节繁费，以古礼裁之，不享宾[41]，不用乐。近世婚姻之费太广，因有力之家穷极以为夸耀，当听彼富贵者自为之。君子自有圣贤典则可依，不必勉循时俗也[42]。

一、婚娶必择旧门儒素[43]，有礼义家法者，不得慕富贵。古有五不娶，世多议其过。盖哲人慎微[44]，正士谨节[45]，毋缘一时图幸之心，遂违自古经常之训。

五不娶：谓逆家子不娶，乱家子不娶，世有刑人不娶，世有恶疾不娶，丧父长子不娶（长子，长女也。谓无父且无兄也。）

一、娶妇以择妇为主，正不可苟，门户不在豪华而贵清雅；其人读书知礼、守儒素；若俗陋嗜利者[46]，亦所不宜。其女子性行于此关一二，不可不谨。

注释

［1］ 戮力：齐心协力。

［2］ 分（fèn）义：情分，情义。

［3］ 浮荡：指行为轻浮放荡。

[4] 叹惋：嗟叹惋惜。

[5] 向魋（chuí）：春秋时宋国大夫，一名桓魋。曾欲杀与弟子在树下习礼的孔子，不成。先有宠于景公，后获罪，景公讨伐他，逃到了卫国。 凶鸷（zhé）：凶恶狠戾。

[6] 愁叹：忧愁叹息。

[7] 王敦（266—324）：东晋大臣。字处仲，琅琊临沂（今山东省临沂北）人。出身士族，晋武帝之婿。官太子舍人、江州刺史等重职。专制擅权，后举兵反叛朝廷，被杀死于军中。

[8] 忠荩（jìn）：此指忠诚的人。 危疑：疑惑畏惧。

[9] 迁移：转变，变化。

[10] 宗祊：宗庙，家庙。此指祖先遗留的世业。

[11] 血属：有血缘关系的亲属。

[12] 卫讥相鼠，齐刺绥狐：相（xiàng）鼠，《诗·鄘风》篇名。这是一首讽刺无礼的诗，古人常赋之讽刺无礼；绥狐，疑为"狐绥"。《诗·卫风·有狐》中"有狐绥绥，在彼淇梁"。狐者，妖媚之兽。绥绥，独行求匹貌。后因以"狐绥"喻妇女淫乱。

[13] 放利：指向别人施与财物。

[14] 宣秽：宣扬不好的言论或揭露丑恶的现象。

[15] 沴（lì）气：灾害不祥之气。

[16] 殄（tiǎn）：灭绝，绝尽。

[17] 志：通"识"，"志"。记载。 明章：此指严明的条法章程。

[18] 昭：显示。此指表明。

[19] 河东柳氏：即柳宗元（773—819），字子厚，河东解（今山西运城县解州镇）人。唐朝文学家。曾任礼部

员外郎，后贬为永州司马，又迁柳州刺史，故又称柳柳州。倡导古文运动，为“唐宋八大家”之一。有《河东先生集》。

[20] 不听：不允许。

[21] 齑（jī）盐：腌菜和盐。借指素食。

[22] 甘之：把它当做甜美的食物来吃。

[23] 骙子：傻子。

[24] 未冠：没有成年。古礼规定男子年满二十而加冠。所以未满二十岁为“未冠”。

[25] 字行：指取表字并用表字称呼。古礼规定，男子年满二十岁，即于本名外另取与本名意义相关的另一名子。此时预示该男子有为人父之道，朋友等类不可复呼其名。

[26] 第：行（háng）第。在家族中排行的次序。

[27] 识友：相知的友人。

[28] 晁以道：即晁说之（1059—1129），字以道，一字伯以，又字季此。慕司马光的为人，自号景迂，清丰（今属河南省）人。元丰五年进士。元祐中以党籍放斥，建炎三年卒。博览群书，善画山水，工诗，通六经，尤精易传。著有《儒言》《晁氏客语》等。

[29] 尊：指辈分、地位高或年纪大。

[30] 父党：父系长辈。此指父亲的亲朋。

[31] 几：指某人的排行次第。　丈：对长辈的尊称。

[32] 俗节：世俗的礼节。

[33] 礼经：古代讲礼节的经典。通常指《仪礼》。

[34] 备礼：指礼仪的周备。

[35] 顾：岂，难道。　欤：古汉语助词。用法跟“乎”大致相同。

[36] 司马温公：即北宋大臣司马光。

[37] 戕冠、华弁：均为象征成年的“冠”。

[38] 童孺：幼年，儿童。

[39] 信知：确知。

[40] 亲迎（yìng）：古代婚礼“六礼”之一。夫婿亲至女家迎新娘入室，行交拜合卺之礼。 奠雁：古代婚礼，新郎到女家迎亲，献雁为贽礼，称“奠雁”。以雁为贽礼，取其顺阴阳往来之意。

[41] 享宾：设宴招待宾客。

[42] 勉循：勉强追随。

[43] 旧门：原指古老的门第。此指具有良好传统的人家。 儒素：指具有儒者的素质，符合儒家思想的品格德行。

[44] 哲人：智慧卓越的人。

[45] 正士：正直的人。 谨节：敬慎，守法度。

[46] 俗陋：庸俗鄙陋。 嗜利：贪图钱财。

豪华之家，其女子必侈汰[1]；不知礼之家，其女子必懭悍[2]；俗陋之家，其女子多不识大体；虽其中不能无间出，要之慎始当如是：是非闻见所及，徇访不可少也。

一、娶妇嫁女，只据吾力所及，不必因彼处贫富。夫娶妇不望其陪嫁，嫁女不利其聘财[3]，则彼贫富于吾何有。但以古礼时宜，酌为丰俭之中，断然行之。不以纷纷迁就，则自然情理两尽，为可通行矣。

嫁女事物由己，而娶妇由人，若为不达理者过责奈何[4]？曰：正使过责者弗与为婚，安得不由己。

一、古者无子置妾，定以年齿，盖甚不得已也。若孕育已繁，更营姝丽[5]，此则明示淫汰已耳[6]。夫妾婢既滥，子女杂出，各私其类，便生异同。若无礼义之维[7]，难免乖离之衅，中人或衰孝敬[8]，不肖者遂滋忿争，恐薄世浇俗[9]，所必至也。此窃谓嫡室或鲜生育[10]，乃缘继续大事，不得不有畜置，纵干年齿，不免通俗，亦须明正大体，务使相安，礼序乐合[11]，以成家范。此在吾儒以躬修古学裁之，然又当知有子而无妾，亦家门善事也。

江浦义门郑氏家约[12]：无子娶妾，不得预公堂会坐[13]。嫡妻死，不得代为主母，以乱尊卑。其所生子妇则跪拜，余子弟不过长揖，所以正上下之分，成和顺之风。信乎其为守礼法之家也。

一、妻妾大分，不可不严，薄妻嬖妾[14]，此市井佃人。不闻诗书，无礼义先训者，非士大夫事，无庸多言。第所生子女，均吾一体，不得任情偏向，以伤公心正道，致父子兄弟嫌衅潜滋，其为门户，他日乖逆覆亡之祸不轻也。凡少而衣服饮食，长而赀产器物，一以至公，无私厚薄；且抚育教训，使彼但知分形共气，血肉情谊之相关，而略不自觉其所生之差别者。夫严其母嫡庶之序以定分，均其子父母之爱以示平[15]，而耳目心志，又皆大义深情，不可自弃之名教如此。而犹有乖逆败群者，此真朱、管、象、蔡[16]，向魋盗蹠复生矣。[17]。

妻子幼，妾子长，宗庙承祀当何如[18]？盖古者立子以嫡，嫡同以长，重嫡也。今世俗兄弟各为第宅，而家祠止在一所，应以妻生子主守奉祀；而当祭之时，兄弟咸在，仍以年齿序立[19]，则德礼经宗法既不相悖[20]，而情分亦无所嫌矣。

一、丧礼仪式，并尊文公《家礼》，不作浮屠[21]，不用鼓乐，不留宾设燕，不虚文费财[22]。葬宜以时，称家丰约，不得惑于阴阳拘忌[23]，以久暴露。居丧时苫处守礼[24]，不得燕饮，出外交际，与常人同。士君子畏义如刑，岂必条教森严，所在自尽其情，则必无违礼之事矣。夫礼亦何尝不因人情也。

古者父母之丧，既殡始食粥，既葬蔬食水饮，小祥食菜果[25]，大祥食醯酱[26]，禫而饮醴酒[27]；丧毕复内寝，大祥以前无食肉饮酒居内者。五代时居丧肉食[28]，人犹为乖逆。晋陈家讳遣婢丸药[29]，终身沉废[30]。今士大夫饮食居处，不异平时，又相从燕集游戏，恬不为怪[31]；礼俗之坏，一至如此。又礼居丧羸疾者[32]，可暂食肉；五十以上衰老者，不妨食肉；若少壮持丧，自宜遵礼，又并不当出入交际与常人同。至于听乐嫁娶，国典有条[33]，士大夫已违礼，更犯法乎。

一、子孙世读书为士人[34]，当守国家卧碑之训[35]，及督学科条与提调、师长示谕[36]。盖当代之典章，即圣贤之名教，二者必无相背，人自不思耳。朔望入学，瞻拜庙廷，凛凛若生存在上[37]。得亲受业，则退而讽诵诗书，便可身体力行，一言一动自不肯苟，纵出处难必[38]，生平必有可观矣。敬事师长如奉尊亲，同侪交与必先德业[39]，不得妄入公门，不得浪游非地，不得负气玩法，不得屈身俛利[40]。夫士君子身心条目，载列经传，昭如日星，若口诵心持，便是准绳规律，固不能一一更为训戒为。

注释

[1] 侈汰：骄纵。

[2] 懭悍：强悍。强硬蛮横，无所顾忌。

[3] 利：贪爱。

[4] 达理：通晓礼义。

[5] 更营：再谋求。　姝丽：美女。

[6] 淫汰：骄纵奢侈。

[7] 维：约束。

[8] 中人：常人。

[9] 薄世浇俗：指轻薄的世俗、坏风气。

[10] 嫡室：正妻。

[11] 礼序：遵循礼仪规定的次序。　乐和：快乐合谐。

[12] 江浦：县名。在江苏省南京市西部，长江北岸，邻接安徽省。明朝初年由六合县及滁、和两州析置。

[13] 预：参加。　公堂：旧时家族的祠堂或共同的房屋等。

[14] 嬖：宠爱。

[15] 示平：显现公平。

[16] 朱、管、象、蔡：朱，指传说中父系氏族社会后期部落联盟领袖尧的儿子丹朱。象，指传说中父亲氏族社会后期部落联盟领袖舜的异母弟弟象。管、蔡，分指西周周武王的同母弟弟管叔鲜和蔡叔度。二人在周武王死后，趁成王年幼，反叛周朝，周公平叛，杀了管叔，将蔡叔流放。上述四人皆为传说中的不肖子弟。

[17] 盗蹠：亦称“盗跖”。春秋时鲁国人柳下惠的弟弟。暴戾恣睢，日杀无辜，聚党徒数千人横行天下。

[18] 承祀：指主持祭祀。

[19] 序立：按大小顺序站立。

[20] 德：通“得”。得到。此为“做到”之意。

[21] 浮屠：本指佛教。此指请和尚念经之意。

[22] 虚文：毫无意义的礼节。

[23] 拘忌：禁忌。

[24] 苫处：指铺有草垫的居丧场所。

[25] 小祥：古时父母丧后周年的祭名。祭后可稍改善生活及解除丧服的一部分。

[26] 大祥：古时父母丧后两周年的祭礼。　醯（xī）酱：醯，醋。醯酱，指酱醋拌和的调料。此应指酱醋调拌的素食。

[27] 禫：解除丧服的祭祀。　醴（lǐ）酒：甜酒。

[28] 五代：此指我国历史上最纷乱的时期之一：梁、唐、晋、汉、周五个朝代。

[29] 晋：朝代名。指后晋。 陈家讳：人名。事履不祥。

[30] 沉废：久病不愈而不能做事。

[31] 恬不为怪：安然处之，不以为怪。

[32] 羸（léi）疾：衰弱生病。

[33] 国典：国家的典章制度。

[34] 世：后辈。 士人：旧时指官吏或较有声望、地位的知识分子。

[35] 卧碑：明洪武时，颁布学校禁例十二条，禁生员不得干涉词讼及妄言军民大事等，刻石放置于学官明伦堂之侧，称为卧碑。后泛指刻于石碑之上的各种禁制条文。

[36] 督学：明时派驻各省督导教育行政及考试的专职官员。 科条：条例和章程。 提调：负责管领、调度的官。

[37] 凛凛：威严貌。

[38] 难必：难以肯定。

[39] 同侪（chái）：同伴。 交与：交游。

[40] 屈身俛（miǎn）利：俛，低头。屈身俛利，指降低身份谋求私利。

世人所望于子弟者，富贵耳，吾意不然。夫富贵之权[1]，乃在彼苍[2]，吾安能强之夺之。若衣食之计，所不可已者，恐一旦饥寒不能自存，将入于市井奴隶。故须少立薄业[3]，量其财力以贻之[4]，然使其命赋[5]，乃市井奴隶也，即所贻薄业，亦岂能必其不终覆败，入于饥寒哉？第自尽其父母之心则尔，他则由天矣。至于饶田大厦，盈箱满箧，计取人财，不恤祸衅[6]，以为子孙富贵也，吾不可知也。但所愿子孙读书后，便要立志，以孔孟行谊学力[7]，自成人品。清白方正，凡心术趋向，一毫一事恐落世间机轴[8]，思为前人贤子孙，为千万世子孙贤祖父，岂不愈于王公卿相[9]，贪昧苟且，为人鄙笑者哉！此可自勉，不尽由天。故书谕。

一、子孙读书，倘幸出仕，当以国事为家事，民心为己心，不得但躐荣名[10]，苟图身利；毋苛刻以博能声[11]；毋卑屈以媚贵要[12]；毋费民以奉所临[13]；毋枉法以徇所畏[14]；昭昭国典，奉以公平；暗暗下情，体以忠恕。念吏国家给俸本足资官[15]，独以食费自浮[16]。乃若不追[17]，于是乎苟且以充用，则不惟轻昧国恩，而生平名节扫地矣。当思此亦国计民脂，身口之外不得一毫浪费，则用度有余，自然不必分外。夫分外一毫即贪也，"贪"之一字，古今大戒，不惟终身不齿，子孙亦且羞之，已为士大夫，何可不严戒而痛绝也。若子弟官卑俸薄[18]，父兄主家，当计所需资给[19]，无令空乏以全其节，亦彼此相成之道，不得谓身已仕国[20]，遂吝家物也。

唐崔玄暐母卢氏常戒玄暐曰[21]："吾见姨兄屯田郎中辛玄驭曰[22]：'儿子从宦者，有人来云贫乏不能存，此是好消息；若闻赀货充足，衣马轻肥[23]，此恶消息。'吾尝认为确论。比见亲表中仕宦者，将钱物上其父母，父母但知喜悦，竟不问此物从何而来，是禄俸余资，诚亦善事；如其非理所得，此与盗贼何别？纵无大咎，独不内愧于心。"玄暐奉教[24]，以清谨见称[25]。宋欧阳文忠公与其侄通理书曰[26]："昨日书中言欲买朱砂来[27]，吾不阙此物。汝于官下宜守廉[28]，何得买官下物。吾在官所，除饮食外，不曾买一物，可观为此戒也。"夫欧阳公一代名贤，此语不足为异，独崔母以闺帏[29]，持论若此，世间昂然丈夫，不逮者多矣。

一、藏书以训子孙，谓胜良田美舍。然亦有不能读书旋散失者[30]，此贤遇属之大运，岂得因斥卖而并田舍不贻耶[31]？则畜置书籍，亦自尽祖父垂训之心耳。迩来书籍浩繁[32]，不能遍访，然有益者亦自有数，第取性命经纶及典章故实，其余若诗词之类，已属虚华[33]，戏亵诸语[34]，盖不典矣[35]。道术不明[36]，学者失据，往往好诸浮浅夸诞；而大道微言妙义，读之如睹暗，如嚼蜡，即不敢非笑；而心思困寐[37]，如文侯之临古乐，岂非世教不明使然哉？善读书者，第取圣贤道德本旨及政治往迹，以评骘编简[38]。即汉魏以前著述，尚可别其纯漓[39]，何况后代浮浪不根之语耶？知此则书籍可畜，亦可读矣。借人一事，古谓四痴，鬻又甚焉[40]。若不能读，则俱听之耳。凡淫亵戏谑，非礼无益者，并不宜有。至于天文图谶、妖幻符咒、□记左道等书[41]，国有明禁，尤宜戒绝。有则即当焚毁，毋蹈罪戾。

注释

[1] 权：权力。指得到富贵的权力。

[2] 彼苍：即天。

[3] 薄业：微薄的产业。

[4] 贻：给予。

[5] 命赋：指根据规定缴赋税。

[6] 不恤：不顾惜。

[7] 行谊：品行，道义。　学力：学问上的造诣。

[8] 机轴：比喻关键的处所。这里指人们议论的对象。

[9] 愈：贤。

[10] 躐（liè）：越级提升。这里是获取的意思。

[11] 能声：能干的声誉。

[12] 媚：逢迎取悦。　贵要：尊贵显要的人。

[13] 费民：耗费百姓的财物。　所临：所去之地。

[14] 徇：顺从，曲从。

[15] 更：通“受”。接受。

[16] 独：还。　自浮：浮，多余。自浮，自足。

[17] 乃若：至于。　不迨：不及，不够。

[18] 官卑：官职低。

[19] 资给：供给钱物。

[20] 仕国：做了国家的官。

[21] 崔玄晫：唐朝博陵（今河北省定县）人。少以学行称誉于世。历任天官侍郎、凤阁侍郎同平章事、中书令，拜博陵郡王，谥“文献”。

[22] 屯田郎中：负责田地、取得军饷和粮税的官。　辛玄驭：即辛元驭，唐朝武后时曾为屯田郎中。

[23] 衣马轻肥：穿着轻暖的皮袍，坐着由肥马驾的车。形容生活豪华。

[24] 奉教：接受教导。

[25] 清谨：廉洁谨慎。

[26] 欧阳文忠：即北宋文学家欧阳修（1007—1072），字永叔，号醉翁、六一居士。吉水（今属陕西省）人。曾任参知政事。谥“文忠”。唐宋八大家之一。撰《新五代史》，与宋祁合修《新唐书》。著有《欧阳文忠集》。

[27] 朱砂：一种矿物质。可制作颜料，也可作药剂。

[28] 官下：做官的处所或地方。

[29] 闺帏：本为闺房的帷幕。此借指妇道人家。

[30] 旋：随意。

[31] 斥卖：出卖。

[32] 迩（ěr）来：近来。

[33] 虚华：浮华不实。

[34] 戏亵：轻薄。

[35] 不典：不合准则。

[36] 道术：指学说。

[37] 困寐：疲惫昏昧。

[38] 评骘（zhì）：评定。

[39] 纯漓：精纯与浅薄。

[40] 鬻（yù）：卖。

[41] 图谶（chèn）：古代方士或儒生编造的关于帝王受命徵验一类的书，多为隐语、预言。 符咒：符箓和咒语的合称。僧道以为可以役使鬼神。 “□”：原文不清晰。

黄鲁直云[1]：“四民皆当世业[2]。士大夫家子弟能知忠信孝友斯可矣。然不可令读书种子断绝，有才气者出，便当名世。”刘忠肃公挚教子孙先行实[3]，后文艺。每曰士当以器识为先，一号为文人[4]，无足观矣。二公语原不相背。夫教子弟读书，正欲观闻往事，以修行实。若止为文人，所谓本心不正，脉理皆邪，与不读书何别。

一、置买田宅，彼或出于不得已，吾则欲为子孙相延之业，议价务在公平，不得亏枉；券契须极明白[5]，不得矇眬；不可与驵狯同谋[6]，潜萌侵人利己之心。虚钱实契，或以物货逋负相准析[7]，恐人心不平，天道往复，将来亦非安享善后之计也。

一、吾辈不耕而食，一家之养，皆农人终岁辛苦所致，念之何可轻易，所以取租当极公平，日用当加樽节[8]，凶荒宜为优恤，逋贷亦须宽缓[9]。夫吾松田产多非世业，一时苛取，不过供奢豪之费，若以日用身口之计，所需几何？有力之家占田至千万，穷极口腹，纵恣耳目，用如泥沙，试清夜反思[10]，则皆日暴雨淋，所由出也，岂不惜哉？故子孙居乡宜身亲耕种之事，以习知农家艰苦，则自然爱惜天物，不敢骄奢。而移以居官，所谓节用爱人之理，亦在其中矣。

唐李绅悯农诗曰[11]：“春种一粒粟，秋收万颗子。四海无闲田，农夫犹饿死。”“锄禾日当午，汗滴禾下土。谁言盘中餐，粒粒皆辛苦。”鸣呼！士君子若念此，恐不忍饱食粥饭，况敢纵恣口腹，并诸浪费。

一、义田、义冢、义塾[12]，俱古今美俗善事，而吾松行之难为久远良法。子孙承守，则消长未期；付之公同[13]，则易为泅毁，只缘赋重役繁，公私费扰无已。且人情浇薄，争讦易生[14]，主者稍歉承当[15]，则旁生之事未可知也。每读孟子书，于乡田同井条，想见三代雍熙[16]，三复致叹。好古君子恶可不有是念[17]。第顺时随力，自尽情事，纵未得作法永世，而一时周旋，必有得济者矣。

一、每岁秋收，不论田租多寡，当先以官税为急，预除此项，以待征纳。然后计人口食用，交际礼文，业少则谨节以省之[18]，不足则勤苦以佐之。非义既不当得，本分者又复不节，以至亏损国课[19]，渐积日久，负累日深，不惟法罔所征[20]，恐一旦力不能支，不为掣肘，善为身家之计者，宜深慎此。毋见他人便宜，私笑此言过计也[21]。

一、妇人育子多置乳母，此富贵家自图安逸者。《诗》恨劬劳[22]，圣人慨三年之爱，今当俱在乳母矣。觅雇之时，令渠转展所生[23]，或因委弃[24]。贫富贵贱，各言其子，存此失彼，岂仁人用心。且乳母纵极爱护，寒暑病困，能无厌苦，惟本生自乳，子必不受艰虞[25]。若产时母或尪羸[26]，不得已而别求乳母，亦须择温良端谨、非暴戾奸窃者，而其所生子亦有他托，不至失所，则彼此俱安，庶几可偶一为之也。

一、委弃子女，此村野细民违天贼理者所为[27]。夫杀人而死，国有常刑；杀子女不死，焉知天道不为冥戮[28]，读书明理之家必无此事。姑书之，或可以理谕乡俗也。

一、日用自养，乃至杀生，定非良士。鱼肉在市，鬻用无伤。祀先享客，乃有特杀[29]，然止于鸡鹅，不及羊豕，亦不宜兼杀数生，盖祖宗宾客，其不忍一念，与我同也。夫自具口腹，至于屠脍生命[30]，与希慕富贵[31]，虽杀人亦为之者，其意岂远？大都天下事，非大不得已，宁止不为，便自少伤人害物之事。

浮屠斋素[32]，只为养一个仁字。吾徒读圣贤书，致名位，反因以纵嗜欲，断有生[33]，是使道德性命不若浮屠实用也。识者思之。

一、古者以膏粱为鄙[34]，蔬茹为贤[35]。肉食乃富贵之供，兼味岂家常之素？至于宰杀，尤属饕残[36]。吾徒自顾功能，兼图作法，日用口腹，当有节度。至于相知偶过，随有而设，杂具园蔬，稍加于自养，不脱乎家风，事则美矣。若特柬设客[37]，酌于丰约，第取可常，于客不为凉[38]，于我不为愧，礼至情周，何辞见愆[39]。脱有权豪之客[40]，过责丰仪[41]，彼或能尊俎风波[42]，谨当以贫率辞谢[43]。

注释

[1] 黄鲁直：即黄庭坚（1045—1105），字鲁直，号山谷道人、涪翁，分宁（今江西省修水）人。北宋诗人，书法家。以校书郎为《神宗实录》检讨官，迁著作佐郎。开创了江西诗派。有《山谷集》。

[2] 四民：旧时称士、农、工、商为四民。

[3] 刘忠肃（1030—1098）：字莘老，北宋东光（今属河北省）人。嘉祐进士。为王安石所擢用，官监察御史里行，因反对免役法被谪。宋元祐时与吕大防同时执政，废弃新法。宋哲宗亲政后，贬官安置新州而死。有《忠肃集》。 行实：指行为朴厚。

[4] 号：称。

[5] 券契：契据。买卖双方订立的书面字据。

[6] 驵狯（zǎng kuài）：说合牲畜交易的人。此指中间人。

[7] 逋负：拖欠。

[8] 樽（zūn）节：节省。

[9] 逋货：此指追收拖欠不还的财物。

[10] 清夜：深夜。

[11] 李绅（772—846）：唐朝诗人。字公垂，无锡（今属江苏省）人。元和进士，曾因触怒权贵下狱。武宗时拜相，出为淮南节度使。与元稹、白居易交往很密，是新乐府运动的参与者。

[12] 义田：指为赡养族人或贫困者而置的田产。 义冢：旧时收理无主尸骨的坟场。 义塾：旧时不收学费的私塾。

[13] 公同：指公共。

[14] 争讦：指争斗、揭发之事。

[15] 承当：承担，担当。

[16] 雍熙：指和乐升平。

[17] 恶（wū）：疑问代词。怎么。

[18] 业：家业。指家庭收入。

[19] 国课：国家规定的赋税。

[20] 法罔：国家法律。

[21] 过计：考虑的过多。

[22] 《诗》：即《诗经》。 劬劳：劳累，劳苦。

[23] 渠：他。指乳母。

[24] 委弃：舍弃。

[25] 艰虞：艰难困苦。

[26] 尩（wāng）羸：瘦弱。

[27] 村野细民：乡村平民。

[28] 冥戮：指受自然规律的惩罚。

[29] 特杀：杀牲。

[30] 屠脍：宰割。

[31] 希慕：羡慕。

[32] 浮屠：指和尚。　斋素：持斋吃素食。

[33] 断：损害身体。

[34] 膏粱：肥美的食物。

[35] 蔬茹：茹，蔬菜的总名。蔬茹，泛指粗食。

[36] 饕（tāo）残：贪婪残暴。

[37] 设客：宴请宾客。

[38] 凉：冷落。

[39] 愆：过失。

[40] 脱：假使，万一。

[41] 过责：过于要求。　丰仪：丰盛的礼仪。

[42] 尊俎：古代盛酒的器皿。指代宴席。

[43] 贫率：率，劝导，劝诫。贫率，用贫穷为由来劝导。

宋张文节公知白为相[1]，自奉清约[2]，所亲或规之[3]。公曰："人之常情，由俭入奢易，由奢入俭难。吾今日之俸岂能常有，有岂能常存，一旦异于今日，家人归奢已久，不能顷俭[4]，必至失所，岂若吾居位去位，身存身亡，如一日乎。"公此意自是远图，不是公孙干誉[5]。吾郡张庄简公悦[6]，国朝名臣也，晚岁归间，尝书揭屏间曰[7]："客至设馔，俭约适情，肴随有而设，酒随量而倾，虽新亲不代饭[8]，虽大宾不宰牲。匪直戒奢侈而可久，亦将免烦劳以安生。"

一、服饰一事，最关性行，改玉改行[9]，不衷为灾[10]。昔人以此卜祸福灾祥，正以身之所安，必其意念所托耳。士大夫朝有法服[11]，固难□度[12]；若其私居行散，务在朴素典雅，不得夸奇务新，无益市怜[13]，徒滋佻薄[14]。至于良人妇女，礼衣私服[15]，自以俭质为贤[16]，雅洁为美[17]，奢僭逾分[18]，尤非家风。何况妖巧无度，如匪人所饰[19]，尤而效之，不足窥其心之所存耶，此必非贤明妇人，亦岂宜为士大夫妻也。

唐柳公绰妻韩氏[20]，相国休之曾孙[21]，家法严肃俭约，为缙绅家楷范[22]。归柳氏三年，无少长未尝见其启齿，常衣绢素，不用绫罗锦绣。每归觐[23]，不乘金碧舆[24]，只乘竹兜子[25]，二青衣步屣以随[26]。按韩相国生平清正，为开元名宰[27]，故子女贤淑如此，盖不止为家法然也。

一、衣服以布素为佳，不惟质朴，亦是坚久。古来贤士大夫以此为家常；近时中原仕宦亦多服此。三吴浮华[28]，穷极罗绮，下迨童婢，此暴殄消折之极者也[29]。凡礼衣接见尊客，可用䌷绢；相知便可以布素相对；至于裹衣下服[30]，决当用布。盖绢䌷之属，蚕丝所就，一匹之料，计杀有先不下千万，一念及此，便当恻怛[31]，而可轻易剪裁，罔加爱惜[32]。且古人蚕桑，止衣老者。少壮麻枲[33]，第取蔽形，于节用养福，良非细事。

宋王文正公每见家人服饰似过[34]，即瞑目曰："吾门素风，一至于此。"及令减损。范文正公子纯仁娶妇将归[35]，或传妇以罗为帷幔[36]。公不悦曰："罗绮岂帷幔之物。吾家素清俭，安得乱吾家法，敢持至吾家，当火于庭。"范忠宣公罢相[37]，尹洛三子皆衣布袴[38]，先生尹公困揖上马见之。数公俱宋太平宰执[39]，其奉身范家如此[40]，四海安得不蒙其休[41]。

一、江右士大夫家燕会绝希[42]，惟冠婚乃延亲朋，岁时享祀则会家族。品物亦简约，非大礼不用鼓乐，若戏剧则绝无之，此闻之一同年生，风俗最敦朴近古矣。窃谓亲朋远来则当具饭。冠婚祭享，因事而会，人必亲戚故旧，物必随力，礼必可常。或款叙情素，或商较事理[43]，心孚义洽[44]，即鼓乐犹厌喧杂，何况作戏。作戏一事，猖狂妖冶，于礼俗俱无益；而宾主一席之欢乃在是，甚也无谓也。大抵情伪则文繁，习弊则事侈，士大夫以耳目相安，不复反求所学。且有以古议相笑，而作俑时弊者[45]，尚望其述作前修[46]，正世俗训。呜呼！其难乎？

一、古者馈遗之礼[47]，原以通有无，周空乏[48]。今亲友岁时交相往复，施者似循常套，受者非其所需，转展报答，徒增烦费，而于诚心实惠乃全不然。窃谓推美分甘情也[49]，赈亡助迫义也，凡吉凶缓急，彼不能支，量力而济，固是佳事。若偶得所嗜，推己思人，随物而饷，亦岂非人情哉。此外因俗例而强行，知不受而虚举，俱属浮妄[50]，不必仿效可也。

注释

[1] 张文节：即张知白，宋代清池（今河北省沧州市东南）人。幼笃学，中进士第，累迁京东转运使，拜给事中、参加政事。仁宗时以工部尚书之职领丞相事卒。谥“文节”。

[2] 清约：清廉节俭。

[3] 规：劝谏。

[4] 顷俭：很快节俭。

[5] 干誉：求取名誉。

[6] 张庄简：即张悦，字时敏，明朝松江华亭（今属上海市）人。天顺四年进士，授刑部主事，进员外郎。卒赠太子太保，谥“庄简”。

[7] 揭：公布。

[8] 代饭：指更换所有、另备饭菜。

[9] 改玉改行：亦作“改步改玉”。本为改变步武，更改佩玉，使符合臣制。此指改变佩饰。

[10] 衷：衷，正。此引申为符合时代潮流。

[11] 法服：指古代根据礼法规定的不同等级的服饰。

[12] □度：“□”，原文不清晰。

[13] 市怜：指市人喜爱。

[14] 佻薄：轻浮浅薄。

[15] 私服：平时的便服。

[16] 俭质：节俭淳朴。

[17] 雅洁：雅致高洁。

[18] 奢僭：奢侈逾礼、不合法度。

[19] 匪人：行为不端正的人。

[20] 柳公绰：唐朝华原（今属陕西省）人，字宽。幼孝友。初补校书郎，历官吏部尚书，河西节度史。谥“元”。

[21] 休：即韩休（673—740），唐京兆长安人。官至同中书门下平章事。性耿直，玄宗每有差错，即上书直谏。后以工部尚书罢官。谥“文忠”。

[22] 缙神：本为插笏于绅带间，旧时官宦的装束。此借指士大夫。

[23] 归觐：指回家拜望父母。

[24] 金碧舆：装饰豪华的轿子。

[25] 竹兜子：一种有座位而无轿箱的竹制的轿子。

[26] 青衣：此指穿着青色衣服的仆人（或差役）。

[27] 开元：唐玄宗年号，公元713—741年。

[28] 三吴：地名。历代所指不一。此疑指长江下游一带。

[29] 消折：指财物因使用挥霍而逐渐消耗下来。

[30] 裹衣下服：“裹”疑为衷。衷衣下服，指内裤之类。

[31] 恻怛：怜悯。

[32] 罔：不。

[33] 麻枲（xǐ）：麻布做成的衣服。

[34] 王文正：即王旦（957—1017），字子明，宋大名莘县（今属山东省）人。太平兴国五年进士，以著作佐郎，予编《文苑英华》。历官中书舍人、给事中、尚书左丞、工部尚书同中书门下平章事等。天禧元年九月卒，封魏国公，谥“文正”。有文集二十卷。

[35] 范文正：即范仲淹。　纯仁：即范纯仁（1027—1101），字尧夫。范仲淹次子。宋苏州吴县（今属江苏省）人。皇祐进士，官至侍御史，知谏院。徽宗立，诏为观文殿大学士，以目疾乞归。卒谥“忠宣”。

[36] 罗：稀疏而轻软的丝织品。　帷幔：此指床帐。

[37] 范忠宣公：即范纯仁。

[38] 布袴：布制的裤子。

[39] 宰执：指宰相等执掌国家政事的重臣。

[40] 奉身范家：守身治家。

[41] 休：树荫。此引申为荫庇。

[42] 江右：长江下游以西的地区。　燕会：宴饮会聚。

[43] 商较：研究比较。

[44] 心孚：感情诚信。

[45] 作俑：本为制作用于殉葬的偶象，后因称创始、首先开例为“作俑”。多用于贬义。

[46] 前修：前贤。前代的贤人或名人。

[47] 馈遗：馈赠。

[48] 周：周济，救济。　空乏：贫穷。

[49] 推美：推崇美德。

[50] 浮妄：虚假的举动。

一、家童男妇当畜自幼年，长养配合[1]，恤其饥寒疾病，使彼稍恋抚育之恩。且积以岁月，熟识其才性上下，然后任以家事，责其报效。如此而有忘负者，真非类也。江南士俗，多中年报靠，非偷惰之子坐需衣餐[2]，则凶猾之徒意在倚托[3]，必无自能成立。已有室家可以守分温饱者，而更委身效力豪门也，如此之人百无一益，且滋后累；不为欺削[4]，则翻然改图[5]。往事种种，明者思之。

杨诚斋夫人罗氏，年七十余，每寒月黎明即起，诣厨躬作粥一釜[6]，遍享奴婢，然后使之服役。其子东山先生启曰："天寒何自苦如此?"夫人曰："奴婢亦人子也。清晨寒冷，须使其腹中略有火气，迺堪服役耳[7]。"东山曰："夫人且劳贱事，何倒行而逆施乎?"夫人怒曰："我自乐此，不知寒也，汝为此言，必不能如我矣。"呜呼！劳身惜人，圣帝明王治世安民之大德，非小不忍事也。如此慈畜[8]，更以庄莅[9]，诚为养童仆之法。

一、词讼一事最不可轻举[10]，人非大凶恶，未有不可以理屈[11]。但患不平心处之，彼此互执[12]，讼端启矣。此事正如用兵，侵人者败，恃己者败[13]，负曲者败[14]，图幸者败[15]，且先发首难[16]，事更不祥，不有人祸，必有天责。况吾徒读书明道，当思以理义化强悍；若平心之外，更持一忍，安得有此。

先大父鹤田公雄姿豪气[17]，惟周人之急，而一生未尝先事讼人。间亦为人诬讼，然于理自直，终不受困。此人事之可信者，不必复论天道。泗水朱夷白先生高操士也[18]，每对余道此，辄奖先公盛德[19]。遇凶歉之岁[20]，田租既难取盈，国赋又不可负，自非大损侈用浮文[21]，恐不足支。凡家之用度及交际礼仪，非大不得已者，悉宜简节。盖古者凶年杀礼[22]，所以慎天惧灾[23]，与上下同其苦厄[24]，亦消眚保福之一道也。

嘉靖甲辰[25]，岁大歉，米价腾贵，饥殍载途[26]。先大父鹤田公尽出资物，拘米五百石[27]，减贱粜之[28]；贫乏者即赈给之，所全活甚众[29]，此前人德事，宜永世克念[30]。第恐凉薄者难为，然幸人不足而快心厚利，必非前人意矣。

一、火患一事虽若有数，然身居城市，倘有意外，不免祸及他人。若切傍公所[31]，尤宜谨慎，厨房灯火，每夕当令人检视。至冬寒风信[32]，传谕各室加意提防，亦尽人事之一节也。

一、园亭第宅，前事唸哂[33]，不为少矣。而后来辄复蹈之，此俗情酒□也[34]。苟知容人为安，会景为乐，便当脱然。余不敢极言，恐获罪当世且衰薄自难办此，无庸言也。

李文靖公沆曰[35]：“居第当传子孙。”此语最好。士大夫高门大宅，正由自适己怀，不复思及子孙耳，其后更有为子孙累矣。余观古来贤儁往往以先人敝庐为雅淡[36]。夫使子孙能世守先人敝庐，则岂有朱门饿殍哉。

一、家用器具，日来件件要精好，此惑也；置器以备用，反因精好而不忍用，又甚惑也。夫器以适用为当，若取可久，惟在坚朴；雕镂轻脆[37]，徒靡物力[38]，何裨实用[39]？此贵游子弟耳目之具耳[40]。

《书》云[41]：“不作无益害有益，不贵异物贱用物。”[42]当世玩好，于日用一无所需，真所谓无益异物，乃复不惜布帛谷粟以易之，不大惑哉。

余不肖，欲勉自兢励而识谙图大[43]，力不遂志，居常窃有八语，自志室中。一曰：“室无美姬，堂无俊仆，案无戏具，门无杂宾。”一曰：“宅取安人，田取给食，书取明道，器取适用。”朝夕省諟[44]，亦不敢大有乖殊[45]。第素多愆尤，此安足塞[46]。念古人实有同此意者，端认厚望方来[47]。惟夙乘可畏之年[48]，努力前贤之轨[49]，慎厥身修[50]，远弘家乘[51]，毋徒苟且凉薄云。

注释

［1］　长养：抚育培养。

［2］　坐需：坐享。不出力、只享受。

[3] 凶猾：凶恶狡猾。

[4] 欺削：欺瞒谋利。

[5] 改图：别谋出路。

[6] 诣：到……去。　釜：古炊器。即现在做饭的锅。

[7] 迺（nǎi）堪：才能承受。

[8] 慈畜（xù）：仁慈养育。

[9] 庄莅：严格管理。

[10] 词讼：诉讼，打官司。

[11] 屈：说服。

[12] 执：固执，互不相让。

[13] 恃己：自负，自以为了不起。

[14] 负曲：理屈，理亏。

[15] 图幸：企图侥幸取胜。

[16] 首难（nàn）：首先发难起事。

[17] 大父：祖父。

[18] 高操士：高尚品德的人。

[19] 辄奖：总是夸奖。

[20] 凶歉：指收成不好。

[21] 浮文：本指华而不实的文词。这里指繁琐华奢的礼节。

[22] 杀礼：减省礼仪。

[23] 慎天惧灾：害怕天灾。

[24] 苦厄：苦难，灾厄。

[25] 嘉靖甲辰：即公元1544年。

[26] 饥殍（piǎo）：极其饥饿的人。

[27] 抅：通“购”。购买。　石（dàn）：计算重量的单位。一百二十斤为一石。亦是计算容量的单位。十斗为一石。

[28] 粜（tiào）：卖出。

[29] 全活：救活。

[30] 克念：克，通“刻”。克念，铭记在心。

[31] 傍：靠近，临近。　公所：指官府办事之所。

[32] 风信：随季节变化应时吹来的风。

[33] 哂哂（chī shěn）：讥笑。此指让别人讥笑。

[34] □：“□”原文不清晰。

[35] 李文靖：即李沆。宋洺州肥乡（今属河北省）人，字太初。少好学，气度宏远。太平兴国五年进士，咸平初累迁平章政事，居位慎密，不求声誉。卒谥“文靖”。有文集二十卷。

[36] 贤儁：才德出众的人。　敝庐：破旧的房屋。

[37] 雕镂：雕刻花纹等图案。　轻脆：指声音清脆。形容器具质量上乘。

[38] 靡：浪费。

[39] 禆：补益，有益。

[40] 贵游：无官职的王公贵族。

[41] 《书》：即《尚书》。又称《书经》。儒家经典之一。我国上古历史文件和部分追述古代事迹著作的汇编。相传由孔子编选而成。书中保存了商周特别是西周初期的一些重要史料。

[42] “不作无益”二句：语出《尚书·旅獒》。意思是，不做无益的事，也不做妨害有益的事；不看重奇珍异物，也不轻视日常用品。

[43] 勉自兢励：努力自勉自励。

[44] 省諟（xǐng dì）：諟，审谛。省諟，察看。

[45] 乖殊：变化，改变。

[46] 塞：遏制，阻止。

[47] 端：全。 方来：指未来。

[48] 夙：早。 可畏：令人敬畏。此指有生之年。

[49] 轨：指风范。

[50] 慎厥自修：意为为长治久安而真诚修身。

[51] 远弘家乘：远弘，广大深远之意；家乘，家史，宇谱。远弘家乘，使家族永远延续下去。

庞尚鹏家规

[明] 庞尚鹏[1]

务本业

一、孝、友、勤、俭四字，最为立身第一义，必真知力行[2]。奉此心为严师，就事质成，反躬体验。考古人前言往行，而审其所从，必思有所持循[3]，无为流俗所蔽。若残忍骄奢，百行裂矣，他复何望。然为父母者，尤当身任其表。《易》曰[4]："家人有严君焉，父母之谓也。"[5]盖父母视家人，势分本为独尊[6]，事权得以专制，使挈其纲领，内外肃然，谁敢不从令！若仁柔姑息[7]，动多愆违[8]，以致纷纷效尤[9]，谁执其咎哉[10]？必父兄勉自克责[11]，严守章程，使诸弟子承风凛然[12]，更相申饬[13]，不敢坠先贤之明训[14]，庶几能世其家[15]。若父兄以为难，则贤子弟羽翼而佐之。予论著乃曲为防检[16]，故屑屑不惮烦。

一、学贵变化气质，岂为猎章句[17]、干利禄哉[18]！如轻浮则矫之以严重[19]，褊急则矫之以宽宏[20]，暴戾则矫之以和厚[21]，迂迟则矫之以敏迅[22]。随其性所偏，而约之使归于正，乃见学问之功大。以古人为鉴，莫先于读书。

一、子弟从师问业，本有课程。尤当旦暮间察其勤惰，验其生熟，使知激昂奋发。有所劝惩[23]，乃不负责成之志。

一、子弟以儒书为世业[24]，毕力从之。力不能，则必亲农事，劳其身，食其力，乃能立其家。否则束手坐困，独患冻馁[25]！思祖宗之勤苦，知稼穑之艰难[26]，必不甘为下人矣。前代举贤，以孝弟、力田列制科[27]，使人人业其官，皆习知民隐[28]，岂忍贼民以自封殖哉[29]！

一、田地土名丘段[30]，俱要亲身踏勘耕管[31]，岁收稻谷，及税粮徭差，要悉心磨算[32]，若畏劳厌事，倚他人为耳目，以致菽麦不辨，为人所愚，如此而不倾覆，吾不信也。

一、民家常业，不出农商。通查男妇仆几人，某堪稼穑[33]，某堪商贾[34]。每年工食衣服，某若干，某若干，各考其勤能果否相称[35]。如商贾无厚利，而妄意强为，必至尽亏资本，不如力田，犹为上策。若旷远不能尽耕，方许招人承佃[36]，审己量力，常取决于老农。

一、池塘养鱼，须当供粪草，筑塘墙。桃李荔枝，培泥铲草，人无遗力，则地无遗利。各派定某管某处，开列日期，不时查验，毋令失业。

一、柴用耕田稻草，如不足，即于收获时并工割取，用船载回，堆积隔溪树下如空闲去处，务足一岁之用而后已。若用银买柴，必立见困乏，岂能常给乎？

一、菜蔬各于园内栽种，分畦浇灌，各考其成。某人种某处，某人种某物，随时加察，以验勤惰。家有余地，而买菜给朝夕，彼冗食者何事乎[37]？

一、置《田租簿》，先期开写某佃人承耕某土名田若干，该早晚租谷若干，如已纳完，或拖欠若干，各明书项下。如遇荒歉，慎勿刻意取盈[38]。

一、妇主中馈[39]，皆当躬亲为之。凡朝夕柴米蔬草，逐一磨算稽查，无令太过、不及。若坐受豢养[40]，是以犬豕自待，而败吾家也。

一、大小童仆，俱先一夕派定，明日某干某事，该某日完，每夕各令回报，以考勤惰。若纵容习懒，非惟误我家事，亦误彼终身也。

注释

[1] 庞尚鹏：字少南，明代广东南海（今属广东省）人。嘉靖进士，初任县令，后迁升御史。性情耿直，巡按河南、浙江等省时，搏击豪强，为民所敬。终因得罪张居正而罢相。著有《百可亭摘稿》等。

[2] 真知：认真了解（或体会）。

[3] 持循：遵循。

[4] 《易》：即《易经》。

[5] “家人”二句：出自《易·家人》。意思是：一家之中有严正的君长，这指的是父母。

[6] 势分（fèn）：权势和地位。

[7] 仁柔：仁爱温和。此指柔弱。

[8] 愆（qiān）违：违背，背离。

[9] 效尤：指仿效坏的行为。

[10] 执：控制。此指阻止。

[11] 克责：责备。

[12] 承风凛然：接受教化而养成敬重的神态。

[13] 申饬（chì）：告诫。

[14] 坠：败坏。

[15] 庶几：或许，大概可以。　世：继承。

[16] 曲为：完全为了。

[17] 猎：涉猎。

[18] 干：求取。

[19] 严重：严肃稳重。

[20] 褊急：器量小而性急躁。

[21] 暴戾：粗暴强横。

[22] 敏迅：聪慧快捷。

[23] 劝惩：奖励与惩罚。

[24] 儒书：儒家经籍。此指读儒家之书。

[25] 独：难道，岂。 冻馁：受冻挨饿。

[26] 稼穑：种谷曰稼，收谷曰穑。此泛指农业劳动。

[27] 制科：朝廷临时设置的考试科目。

[28] 民隐：民间的疾苦。

[29] 贼民：害民。 封殖：聚敛财货。

[30] 丘段：田垄的界限。

[31] 踏勘：实地勘察。

[32] 磨算：核算。

[33] 堪：能够，适合。

[34] 商贾（gǔ）：经商做买卖。

[35] 勤能：勤勉而又有才能。

[36] 承佃：承租。

[37] 冗食：吃闲饭。

[38] 取盈：照数收足田租。

[39] 中馈：指家中做饭等家务事。

[40] 豢养：供养。

考岁用

一、每年计合家大小人口若干，总计食谷若干，预备宾客谷若干[1]。每月一次照数支出，各另收贮。务令封固仓口，不许擅开，以防盗窃。其支用谷数，仍要每次开写簿内，俟下次支谷之日，查前次有无余剩若干，明白开载查考。

一、每年通计夏秋税粮若干，水夫、民壮丁料若干[2]，各该银若干，即于本年二月内照数完纳。或贮有见银[3]，或临期粜谷[4]，切勿迁延[5]，累本甲比征[6]。如遇编差[7]，先计用银若干，预算积贮，以备应用。若待急迫而后图之，或称贷于人[8]，则荡覆无日矣[9]。

一、女子六岁以上，岁给吉贝十斤[10]，麻一斤；八岁以上，岁给吉贝二十斤，麻二斤；十岁以上，岁给吉贝三十斤，麻五斤，听其女为嫁衣。妇初归[11]，每岁吉贝三十斤，麻五斤，具令亲自纺绩，不许雇人。丈夫岁月麻布衣服，皆取给于其妻。吉贝与麻，各计每年给若干，皆另身自为之，不许雇人纺绩。惟童仆衣布，随时买给。

一、租谷上仓，除供岁用及差役外，每年仅存十分之二。固封积贮，以备凶荒[12]。如出陈易新，亦须随宜补处[13]。

一、置《岁入簿》一扇[14]，凡岁中收受钱谷，挨顺月日，逐项明开，每两月结一总数，终年经费，量入为出，务存盈余，不许妄用。

一、置《岁出簿》二扇，一扇为公费簿，凡百费皆书；一扇为礼仪簿，书往来庆弔祭祀宾客之费。每月结一总数于左方，不许涂改及窜落[15]。

遵礼度

一、冠礼婚礼[16]，各量力举行。丧葬送终为大事，礼宜从厚，亦当称家有无[17]。一切繁文及礼所不载者[18]，通行裁革[19]。

一、男女议婚，必待十三岁以上方可行聘礼，恐时事变更，终有后悔。

一、祠堂岁祭、忌祭，各先期经理，当日昧爽举行仪节[20]，遵家礼及祠堂事宜。

一、安葬惟附棺之物，务求坚久。若修坟限于力，不必强也。古人托足山丘[21]，不欲后世复知其姓名，其意远矣。

一、墓祭皆以清明、重阳日举行，但各山远近不同，势虽兼举，须分日致祭，或由路，或从船。具查照历年旧规，合用桌席若干，人夫若干，各色器用若干，每年用银若干，各登簿查考。

一、娶妇初归，惟谒祠堂[22]，见舅姑[23]。次及本房有服亲属[24]，不得概见他姓诸亲[25]。

一、生日不为乐，自古称美谈。除六十以上，子孙为其父祖称觞[26]，礼不可废，其余不可借此豪饮。若非具庆[27]，而宴乐忘亲，尤为不孝。

一、童子年五岁诵《训蒙歌》[28]，不许纵容骄惰；女子年六岁诵《女诫歌》[29]，不许出闺门。若常啖以果饼恣其欲[30]，娱以戏谑以荡其性[31]，长而凶狠，皆从此始。当早禁而预防之。

一、待客，肴不过五品[32]，汤果不过二品，酒饭随宜。

一、嫁娶不用糖梅。女受聘、出嫁，子弟行聘礼，俱不贺。

一、弔丧只用香纸，不用面巾、果酒，弔客一茶而退，服内不具请，不送胙[33]。

一、交际礼仪，俱用折乾[34]，如合用猪头，则折银一钱；用双鹅酒，三钱；羊酒，五钱；猪酒，一两。此外另封银二分作果酒礼，其受与否及酬答，各从其便。若本乡行礼，俱折银二分，酬礼四人共一桌，若遣礼而不及赴席[35]，原封送还。

注释

[1] 宾客谷：指招待宾客用粮。

[2] 水夫：纤工，船夫。指为官府搞运输的人。 民壮：旧时被征服役的壮丁。 丁料：按人征收的粮赋。

[3] 见（xiàn）银：现银，现钱。

[4] 粜（tiào）谷：卖出谷物。

[5] 迁延：拖延。

[6] 本甲：该甲。甲，旧时户口编制单位。十户为一甲，一甲之中择管额多者为首。 比征：定期征收。比，旧官府征收租赋、额派人役等，定期催逼，谓之比。

[7] 编差（chāi）：列入徭役。

[8] 称贷：举债（向人借贷）。

[9] 荡覆：倾家荡产之意。

[10] 吉贝：木棉科植物，可为纺织原料。

[11] 妇初归：归，古代谓女子出嫁。妇初归，指刚娶过来的新妇。

[12] 凶荒：荒灾。泛指年景不好粮食歉收或颗粒无收。

[13] 补处：补充和筹划。

[14] 扇：量词。相当于现在记账簿的一页。

[15] 窜落（là）：混杂和遗漏。

[16] 冠礼：古代男子二十岁举行的加冠之礼。举行了冠礼，表示男子已经成人。

[17] 称：权衡。

[18] 繁文：烦琐的仪式。

[19] 裁革：裁汰革除。

[20] 昧爽：拂晓，黎明。 仪节：指仪礼的程序形式。

[21] 托足：容身。此指埋葬。

[22] 谒：参拜。

[23] 舅姑：即公婆。

[24] 有服：指宗族关系在五服之内。

[25] 概：全，一律。

[26] 称觞：此谓举杯饮酒、给长辈祝寿。

[27] 若非：如果不是，要不是。

[28] 《训蒙歌》：本文作者庞尚鹏为对儿童进行启蒙教育编写的歌谣。

[29] 《女诫歌》：本文作者撰写的讲妇女道德标准与修身的训女之作。

[30] 啖（dàn）：吃。

[31] 荡：放纵。

[32] 肴：菜肴。

[33] 胙（zuò）祭祀用的酒内。

[34] 折乾：以钱代替实物。

[35] 遣礼：指派人送礼品。

禁奢靡

一、子孙各要布衣蔬食[1]，惟祭祀宾客之会，方许饮酒食肉，暂穿新衣。幸免饥寒足矣，敢以恶衣恶食为耻乎[2]？他如手持背负之劳，力能自举，不必倩人供使令之役[3]。幸不为人役足矣，敢役人乎？尺布、半钱，不敢浪用，庶几不至于饥寒。

一、亲戚每年馈问[4]，多不过二次，每次用银多不过一钱，彼此相期，皆以俭约为贵，过此者，拒勿受。其余庆弔，循俗举行，不在此限。

一、待客品物，本有常规。如亲友常相往来，即一鱼一菜亦可相留。司马温公曰[5]：“先公为郡牧判官[6]，客至未尝不置酒，或三行[7]，或五行，不过七行。酒沽于市，果止梨粟枣柿，肴止脯醢菜羹[8]，器用磁漆。当时士大夫皆然。”会数而礼勤，物薄而情厚。今后客至，肴不必求备，酒不必强劝，淡薄能久，宾主相欢，但求适情而已。本房人众，客至欲遍请，恐力不能及，听临时轮流请陪，以省繁费。各不得视彼此为厚薄，致相猜嫌。

一、亲友往来，拜帖、礼帖、请帖、谢帖，俱单柬[9]，不用封筒[10]。

一、造酒，先计每年合用若干，计用银若干，量存一二盈余，以备他费，各登簿查考。若饮酒不许沉醉[11]，非性乱性，抑亦伤生，世多死于酒，可鉴也。

严约束

一、子孙各安分循理，不许博弈、斗殴、健讼及看鸭[12]，私贩盐，自取覆亡之祸。

一、田地财物，得之不以义，其子孙必不能享。古人造“钱”字，一金二戈[13]，盖言利少而害多，旁有劫夺之祸。其聚也，未必皆以善得之，故其散也，奔溃四出[14]，亦岂能以善去，殃其身及其子孙。“多藏必厚亡”[15]，老子之名言[16]，信矣。人生福禄自有定分，惟择其理之所当为，力之所能为者，尽其在我，俟命于天[17]。此心知足，虽蔬食菜羹，终身有余乐。苟不知分量，曲意求盈[18]，虽欺天罔人而不顾，有不颠覆者乎？若能勉给岁月[19]，不以饥寒遗子孙，此身之外，皆为长物，何自苦为。

一、傲，凶德也。凡以富贵学问而骄人，皆自作孽耳。即使功德冠古今[20]，亦分内事，何与于人。天道恶盈，惟谦受益。予阅历中外，备尝之矣。

一、立妾为嗣续计[21]，必不可已而后为之。嫡庶不同心[22]，兄弟不同母，其间牴牾难尽言[23]。若用情少偏，则是非蜂起。其流祸蔓延于子孙[24]，或因而荡覆其家者亦多有之，此不可不慎图也[25]！

一、病从口入，祸从口出。凡饮食不知节，言语不知谨，皆自贼其身[26]，夫谁咎[27]。

一、修斋、诵经、供佛、饭僧[28]，皆诞妄之事[29]，而端公圣婆[30]，左道惑众[31]，尤王法所必诛也。凡僧道师巫，一切谢绝，不许惑于妇人世俗之见。

一、男子刚肠少[32]，常偏听妇人言，离间骨肉，争长竞短，嫌隙横生[33]。妇初入门，当先谕而禁抑之[34]。"教子婴孩，教妇初来。"[35]言当防之于早也。

一、观人家起卧之早晚，而知其兴衰，此先哲格言也。凡男女必须未明而起，一更后方许宴息[36]，无得苟安放逸，终受饥寒。

注释

[1] 疏食：粗粝的饭食。即素食。

[2] 恶衣恶食：粗劣的衣食。形容生活俭朴。

[3] 倩（qiàn）：雇请。

[4] 馈问：互送礼品，表示慰问。

[5] 司马温公：即北宋大臣，史学家司马光（1019—1086），字君实，陕州夏县（今山西夏县）人。神宗初，任翰林兼侍读学士。卒谥"文正"，追封温国公。其所编《通志》赐名《资治通鉴》。诗文有《司马文正公集》。

[6] 郡牧：郡（古代行政区域）的行政长官。

[7] 三行（xíng）：祝酒三次。

[8] 脯醢（hǎi）：干肉和肉酱。

[9] 单柬：即单帖。旧时礼帖的一种。用单页红纸作帖，用于亲友婚嫁喜庆等事。

[10] 封筒：封套。旧时盛文件、书信或钱物的套子。

[11] 沉醉：大醉。

[12] 健讼：好打官司。 看鸭：指在田地边放鸭引起的争

斗之事。

[13] 一金二戈：指繁体的“钱”字，是由左边一个“金”字，右边两个“戈”字上下叠合而成的，即“錢”。故言“一金二戈”。

[14] 奔溃：互解溃散。

[15] “多藏必厚亡”：语出《老子·四十四章》。意思是贮藏过多，一定会遭受更重的损失。

[16] 老子：相传为春秋时思想家，道家的创始人。关于老子，其说不一，一说即老聃，姓李名耳，字伯阳。楚国若县（今河南鹿邑）人。曾任过周朝管理藏书的史官。著有《老子》。

[17] 俟命：听天由命。

[18] 曲意：曲折委婉的用意。此指想尽一切办法。

[19] 岁月：指日常生活所需。

[20] 冠：超过。

[21] 嗣续：传宗接代，繁衍子孙。

[22] 嫡庶：正妻与妾。

[23] 牴牾（dǐ wǔ）亦作“抵梧”“抵忤”。抵触。

[24] 流祸：延及的灾祸。

[25] 图：谋划，考虑。

[26] 贼：伤害。

[27] 咎：罪过，过失。

[28] 修斋：会集僧徒，供应斋食，使他们作佛事，叫做修斋。　饭僧：向和尚施饭。迷信者修缮祈福的行为。

[29] 诞妄：荒诞虚妄。

[30] 端公：男巫的别称。　圣婆：神婆，即女巫。

[31] 左道：邪道。

[32] 刚肠：刚直的气质。

[33] 嫌隙：因猜疑或不满而产生的恶感、仇怨。

[34] 禁抑：约束。

[35] “教子”二句：语出《颜氏家训·教子》。大意是，规劝媳妇宜从她刚嫁过来开始，教导孩子应从婴孩时期着手。

[36] 更：夜间计时单位，一夜分为五更，每更约两小时。宴息：休息。

一、子孙故违家训，会众拘至祠堂，告于祖宗，重加责治，谕其省改[1]。若抗拒不服，及累犯不悛[2]，是自贼其身也。

一、遇昏暮即闭门，不许夜出。世情难测，宜备非常。如会客，亦须早散，不设烛。大寒大暑，尤当体息厨下人[3]。

一、童仆十四岁以上，不许入后厅。凡内外传呼，击云板或木鱼[4]。

一、累世乡居，悉有定业，子孙不许移家。住省城三年后，不知有农桑[5]，十年后，不知有宗族。骄奢游惰，习俗移人，鲜有能自拔者[6]。予尝言乡居有十利，惟避寇方许暂寓城中。

一、内外房屋门巷及椅桌，俱每日黎明扫除拂拭[7]。若门庭芜秽[8]，几案纵横，此衰家之兆也。各令轮流打扫，不许推托有辞。

一、厨人、司事[9]，早食不得过辰时[10]，晚食不得过申时[11]。每晚先将铁锅及合用器具，逐一洗涤收置，次早黎明而起，即点茶炊饭[12]。不觉烦难乃能及期而举。早晚厨间俱不许用灯火，非徒省烦费，且恐昏昧不洁，以致饮食伤人。此事虽小，然于养生一节，所关甚大。况家人各有常业，终日勤苦，而饮食不如期，岂存恤之义哉[13]？若有故违，先将首事者斥责，以儆其余[14]。

一、每月初十、二十五二日，凡本房尊长卑幼，俱于日入时为会，各述所闻。或善恶之当鉴戒，或勤惰之当劝勉，或义所当为，或事所当已者，彼此据己见，次第言之[15]。各倾耳而听，就事反观，勉加点检[16]，此即德业相劝、过失相规之意。其会轮流主之，选派定日期，某系某日，如遇有事，请以次日代之。主会者只用点茶，不得置酒。若本日有祭祀、宾客之会及其他冗[17]，或遇大寒暑、大风雨，则暂免。其无事不赴会，此即自暴自弃之人。会所不必拘，惟便于聚谈为贵。会必薄暮，谓其时多暇也。切不可夜深，久坐恐有不虞[18]。

一、小家婆妇往来，类多簸弄是非[19]，窥窃饮食，甚或诱引祈卜[20]，煽惑妇女，因而盗骗财物。当不时诘问[21]，如无故往来者，重治而禁绝之。

崇厚德

一、骨肉天亲[22]，同枝连气，凡利害休戚，当死生相维持。若因财产致争，使相视如仇敌，及遭死丧患难，反面不相顾，甚于路人。祖宗有灵，岂忍见此。良心灭绝，马牛而襟裾[23]，人祸天刑，其应如响[24]。愿子孙以此言殷鉴。

一、处宗族、乡党、亲友，须言顺而气和。非意相干可以理遣[25]。人有不及，可以情恕[26]。若子弟童仆与人相忤[27]，皆当反躬自责。宁人负我，无我负人。彼悻悻然怒发冲冠[28]，讳短以求胜[29]，是速祸也。若果横逆难堪[30]，当思古人所遭，更有甚于此者，惟能雅量而优容之[31]，自足以潜消其狂暴之气[32]。

一、放债切不可违例深求，或准折人子女田地，及利中展利[33]。

一、论人惟称其所长，略其所短，切不可扬人之过，非惟自处其厚，亦所以寡怨而弭祸也[34]。若有责善之义[35]，则委曲道之[36]，无为已甚。

一、雇工人及童仆，除狡猾玩惰斥退外，其余堪用者[37]，必须时其饮食，察其饥寒，均其劳勉[38]。陶渊明曰[39]：“此亦人子也，可善遇之。”[40]欲得人死力，先结其欢心[41]。其有忠勤可托者[42]，尤宜特加周恤[43]，以示激劝[44]。

注释

[1] 省（xǐng）改：反省并改正错误。

[2] 悛（quān）：悔改。

[3] 体息：体贴慰劳。

[4] 云板：即“云版”。报时报事之器。旧时官署或权贵之家皆击云版以为信号。

[5] 农桑：农耕与蚕桑。指耕织之事。

[6] 鲜（xiǎn）：少，很少。

[7] 拂拭：除去尘垢。

[8] 芜秽：杂乱。

[9] 司事：负责杂务的人员。

[10] 辰时：辰，地支的第五位。用以纪时，为十二时辰之一。辰时，午前七时至九时。

[11] 申时：下午三时至五时。

[12] 点茶：泡茶。

[13] 存恤：慰抚。

[14] 儆：同“警”。戒备。

[15] 次第：按顺序，依次。

[16] 点检：反复检查。

[17] 他冗：别的繁杂事情。

[18] 不虞：意料不到的事。

[19] 簸（bǒ）弄：拨弄。

[20] 祈卜：祈祷和占卜。一种向天或神求祷的迷信活动。

[21] 诘问：询问。

[22] 天亲：指父母、兄弟、子女等血亲。

[23] 马牛而襟裾：詈词。意思是，人若没有了良心，如同穿着衣服的牲畜一样。

[24] 响：声音大。此指报应大。

[25] 理遣：用事理加以排遣。

[26] 情恕：以情感相宽恕（原谅）。

[27] 忤：发生矛盾。

[28] 悻悻然：怨恨失意的样子。

[29] 讳短：回避（隐瞒）自己的不足。

[30] 难堪：无法忍受。

[31] 雅量：宏大的气度。 优容：宽容。

[32] 潜消：暗中消除。

[33] 利中展利：即利滚利，利上生利。指利息计入本金后，再生利息，越滚越多。

[34] 弭祸：止息祸患。

[35] 责善：督策他人为善。

[36] 委曲：委婉。

[37] 堪：能够。

[38] 均：调节好。

[39] 陶渊明（365 或 372 或 376—427）：东晋大诗人。一名潜，字元亮，私谥靖节，浔阳柴桑（今江西九江）人。曾任江州祭酒、彭泽令等职，因不满朝政黑暗，决心辞官归隐。长于诗文辞赋，有《陶渊明集》。

[40] “此亦”二句：语出肖统撰《陶渊明传》引陶渊明给其子信中语。意思是，他（指仆人）也是人的子孙，一定要善加礼遇（好好待他）。

[41] 结：构筑。此应指博取。

[42] 托：依靠。

[43] 周恤：接济，周济。

[44] 激劝：激发鼓励。

慎典守[1]

一、蒸尝房屋、田地、池塘[2]，不许分析及变卖。有故违者，声大义攻之[3]，摈斥不许入祠堂[4]。

一、坟茔刊刻图本，不时修葺，加意防护，山邻及守山人须厚待之。

一、书籍为人家命脉，须置簿登记，依期晒晾，束之高阁，无令散失，以全先人手泽[5]。

一、画册、图本、轴头、器皿各项[6]，具用木柜收贮，另设一簿，逐件登记。有借去者，即书浮签帖项下[7]，送回则掣之[8]。

一、海邦多盗[9]，凡衣物戒漫藏[10]，门庭慎封守。先事筹划，居安思危，如有踪迹可疑，皆当早察而预待之[11]，曲为万全计。

一、城中房屋池塘，岁时典守，切须得人，仍要戒备不虞，严加防察。

端好尚

一、子弟立身，非惟颠狂灭义[12]，淫纵伤生[13]，当刻骨痛戒。即嗜好之偏，如广交延誉[14]，避事耽闲[15]，溺琴棋[16]，聚宝玩，购字画，乐歌舞，此皆丧志之具。彼此谓放达清流，岂知其为身家之蠹哉[17]。

一、宗族、亲戚、乡党，有素重名义及多才识为人尊信者，须亲就请教[18]，不时问候。如有家事缓急，可倚以相济，且常闻药石之言[19]，阴受夹持之益[20]。若交游非类[21]，济恶朋奸[22]，是自穽其身也[23]。媢嫉正人[24]，厌闻正论，直待亡命破家而后悔，已无及矣。

一、士、农、工、商各居一艺。士为贵，农次之，工商又次之。量力勉图[25]，各审所尚，皆存乎其人耳。予家训首著士行，余多食货农商语，皆就人家日用之常，而开视涂辙[26]，使各有所持循。若该载未尽，当就善言而推广之。

一、处身固以谦退为贵，若事当勇往而畏缩深藏[27]，则丈夫而妇人矣。古人言若不出口，身若不胜衣，及义所当为，虽孟贲不能夺[28]，此以义为尚者也。事有权衡，其审图之[29]。

一、祖宗遭家多难，因邻人曲售其诬词[30]，复有落井下石、阴嗾而中之者[31]，乃竟负讼，卒于家。嗟嗟！吾祖饮恨九原[32]，每一念之，肝肠摧裂。今首祸及助虐之人，曾不再传，皆已灭门矣。予言及此，岂欲修怨哉[33]，示后人知家衅所从起[34]，哀思不能忘耳。先考少孤[35]，数岁时，曾与家人负贩[36]，及壮为木商，虽寒暑风雨不避劳。会海贼发，有司造战船[37]，坐名督责[38]，几于破家。比予入黉宫[39]，喜动颜色，而垂橐萧然[40]，寻矢力经营[41]，家渐饶而去世，百忧感心，万事劳形，何曾享一日安意之奉哉[42]。予少时秉耒躬耕[43]，不辞劳役，昼习章句，暮归灌园，冬夏仅一粗布衣，非敝且垢[44]，不更为也[45]，惟舅氏间岁以新衣佐给之[46]。每就试[47]，尝落第于有司[48]，屏迹禅林[49]，经宿一举火[50]，艰苦万状，诚难具陈。今尔子弟皆尘蠹书[51]，馀鼠粟[52]，何从得之，饱食安居，独不念先世创业之难，良工心独苦耶[53]？予自罢归后[54]，尽将财产与诸弟均之，未尝少有低昂[55]，盖祇承先考之心[56]，使后之子孙尽力其中，皆足为向善之助，无忘先世遗泽也[57]。尝闻祖宗基业从勤俭中来，子孙享其成，则不知有勤俭矣。祖宗福泽从诗书中来，子孙承其荫，则不知有诗书矣。虽名族世家。后先济美[58]，子孙诵予言，其书诸绅[59]。

注释

[1] 曲守：主管，保管。

[2] 蒸尝：指秋冬祭。此处所列之房屋、田地、池塘等皆为供此祭所专备。

[3] 声：声张。

[4] 摈斥：排斥。

[5] 手泽：指先人或前辈的遗墨、遗物。

[6] 轴头：书画轴的两端。此指书画。

[7] 浮签：一端粘在书册或文稿上、以便于揭去的纸签。

[8] 掣：抽出。

[9] 海邦：沿海地区。

[10] 漫藏：疏于治理或保管。

[11] 预待：提前防备。

[12] 颠狂：举止放浪不受约束。

[13] 淫纵：纵欲淫乱。

[14] 延誉：播扬声誉。

[15] 耽闲：喜欢清闲。

[16] 溺：沉湎。

[17] 蠹：喻祸害之事。

[18] 亲就：亲近。

[19] 药石之言：药石，治病的药物与砭石，泛指药物。药石之言，比喻起规劝改过迁善的话。

[20] 阴：私下里。 夹持：辅助。

[21] 交游：结交。

[22] 济恶：勾结作恶。

[23] 穽（jǐng）：陷害。

[24] 娼（mào）嫉：亦作："冒疾"。嫉妒。

[25] 勉图：努力谋取。

[26] 涂辙：路中的轮迹。引申为途径。

[27] 深藏：极力躲藏。

[28] 孟贲（bēn）：战国时的勇士。力大无比，可以拔掉牛的犄角，在水中游泳不怕蛟龙，陆上行走不怕猛虎。 夺：阻止住。

[29] 审图：周密谋划，仔细考虑。

[30] 曲售：设方施展（或散布）。

[31] 阴嗾（sǒu）暗中唆使、怂恿他人做坏事。

中：指攻击陷害。

[32] 九原：九泉，黄泉。

[33] 修怨：报宿怨（旧恨）。

[34] 家衅：家庭的祸患。

[35] 先考：对亡父的称呼。

[36] 负贩：担货贩卖。指做小买卖。

[37] 有司：官吏。古代设官分职，事各有专司，故称有司。

[38] 坐名：指名。

[39] 比：等到。 黉（hóng）宫：古时的学校。

[40] 垂橐（tuó）：垂着空袋子。指无所获。

[41] 寻：随即。 矢力：矢，发誓。矢力，决心努力。

[42] 奉：指子女的侍奉。

[43] 秉耒躬耕：执着耒（农具）亲自耕作。

[44] 敝：破烂。

[45] 更为：替换（穿的）。

[46] 间岁：隔年。

[47] 试：科举考试。

[48] 落第：科场考试未被录取。

[49] 屏迹：隐居。　禅林：指寺院。

[50] 经宿一举火：指常年一人生火做饭。

[51] 尘蠹书：原指书籍布满灰尘、被虫蛀坏。此指书籍多。

[52] 鼠粟：本指老鼠囤积的食物。此泛指各种粮食。

[53] 工心独苦：指技艺高明的人费尽心思经营。泛指用心良苦。

[54] 罢归：辞职或免官回到乡里。

[55] 低昂：起伏，升降。

[56] 祇（zhī）：只，仅。

[57] 遗泽：留下的恩德。

[58] 后先：即先后。　济美：谓在以前的基础上使美好的东西发扬光大。

[59] 其书诸绅：绅，古代士大夫束于腰间、一头下垂的大带。其书诸绅，把它写于束腰的大带上。谓永远牢记之意。

何氏家规[1]

[明] 何 伦[2]

饮食服御之规[3]

一、饮食服御乃民生日用之不可缺者[4]。近来僭侈无节、风俗日漓、盗起民穷[5]，多由于此。岂草茅之说所能挽回[6]？故历采古先圣贤之言为此标准，吾人当佩服[7]，以成恬澹朴雅之风[8]。

一、古人饮食，各出少许置之豆间之地[9]，以祭先代，始为饮食之人不忘本也。

一、为人子者，父母存，冠衣不纯素；孤子当室，冠衣不纯采[10]。

一、朱子论理欲之辨[11]。或问："饮食之间，孰为天理？孰为人欲?"曰："饮食者，天理也；要求美味，人欲也。"

一、君子慎言语、节饮食，二者养德、养身之切要[12]。

一、有道之士，粗裘索带而人不鄙之者[13]，取其内而不取其外也。

一、司马温公曰[14]："吾平生衣取蔽寒，食取充腹；亦不敢服垢敝[15]，以矫俗干名[16]。但顺吾性而已矣。"又曰："吾家待客，会数而礼勤[17]，物薄而情厚。"

一、古人事亲有以酒肉养志者[18]，有以菽米承欢者[19]，均不失为大孝。

一、茅容待客以草蔬与之同饭[20]，杀鸡为馔以供母。客知之，起拜而称贤。

一、范文正公虽贵[21]，非宾客不重肉[22]；妻子衣食仅能自充[23]，而惟好施予[24]。晏平仲敝车羸马[25]，而惠及三族[26]。

一、范益谦曰："凡吃饮食，不可拣择去取。"

一、汪信民曰[27]："人能齩得菜根[28]，则百事可做。"朱子曰："今人不能齩菜根而至于违其本心者，众矣。可不戒哉！"

一、柳公绰凡遇饥岁[29]，诸子皆蔬食。学业未成者，不听食肉[30]。弟见兄，未尝不束带[31]。夫人常衣绢素[32]，不用绫罗锦绣[33]；每归觐[34]，不乘金碧舆[35]，只乘竹兜子[36]。常命粉苦参、黄连、熊胆[37]，和为丸[38]，赐诸子每永夜习学含之[39]，以资勤苦。可以在公卿间最名有家法[40]。

一、君子以礼义养心则心广体胖[41]；若恣食肥甘则神昏气溃[42]。妇女以布御寒，则坚苦其志；以香熏罗绮，则淫荡其心。

注释

[1] 何氏家规：这是一部"历采古先圣贤之言"为模范的家规。下文标注的是其中的"饮食服御之规"部分。

[2] 何伦：明代江山县（明时属浙江衢州府，即今浙江省衢州市西南之江山市）人。时以事亲至孝而闻名。

[3] 服御：亦作"服驭"。指服饰车马之类。

[4] 民生：民众的生计、生活。

[5] 僭（jiàn）侈：过分奢侈。 漓（lí）：浅薄。

[6] 草茅：民间，平民。比喻鄙陋微贱的人。

[7] 佩服：铭记，牢记。

[8] 恬澹：同"恬淡"。清静淡泊。心性纯正恬静，不追求名利。

[9] 豆间：豆，装酒肉的祭器；间（jiān），中间，内。豆

间，祭器内。

[10] “为人子者”五句：孤子，三十以下无父者；当室，代父主持家事。此五句出自《礼记·曲礼上》。大意是，作为儿子，父母健在，冠与衣服不能用白色镶边；无父之嫡子当家，则衣冠不能用彩色镶边。

[11] 朱子：即朱熹（1130—1200）。南宋哲学家、教育家。字元晦，一字仲晦，号晦庵，别号紫阳。徽州婺源（今属江西）人，侨寓建阳（今属福建）。曾任秘阁修撰等职。著作有《四书章句集注》《周易本义》《诗集传》《楚辞集注》及后人编纂的《晦庵先生朱文公文集》《朱子语类》等。 理欲：“天理人欲”的省称。宋代理学家认为封建的伦理纲常为天理，人的生活欲望为人欲，二者不容并立。

[12] 养德：修养德行。 养身：保养身体。 切要：要领，纲要。

[13] 粗裘索带：粗劣的毛皮御寒之衣与象粗绳一样的衣带。

[14] 司马温公：即司马光（1019—1086）。北宋大臣、史学家。字君实，陕州夏县（今属山西）涑水人，世称涑水先生。宝元进士。追封温国公。著作有《资治通鉴》《司马文正公集》《稽古录》等。

[15] 垢敝：又脏又破（的衣服）。

[16] 矫俗：矫正世俗。 干（gān）名，求取名位。

[17] 会数（huì shù）：会，特指宴请；数，表示不定指的少数。会数，宴请宾客的次数少。 礼勤：礼节周到。

[18] 养志：此指培养事亲的孝心。

[19] 菽（shū）米：菽，豆类的总称。菽米，此指普通

饭，与酒肉相对。　承欢：迎合人意，博取欢心。

[20] 茅容：后汉陈留（今河南开封东南）人。字季伟。以孝名，曾深得当时名教授郭泰赏识。　草蔬：粗蔬。简单的饮食。

[21] 范文正：即范仲淹（989—1052）。北宋政治家、文学家。字希文，苏州吴县（今属江苏）人。大中祥符进士。有《范文正公集》。

[22] 重（chóng）肉：两种或两种以上的肉食。

[23] 妻子：妻与子女。　自充：自足。

[24] 施予：以财物周济别人。

[25] 晏平仲：即晏婴（？—前500）。春秋时齐国大夫。字平仲。夷维（今山东高密）人。历仕灵公、庄公、景公三世。有战国时人编辑的《晏子春秋》传世。　敝车：破旧的车子。　羸（léi）马：瘦弱的马匹。

[26] 惠：赐予，赠送。　三族：有三种说法：①父、子、孙（见《周礼·春官·小宗伯》郑玄注）；②父族、母族、妻族（见《大戴礼记·保傅》卢辩注）；③父母、兄弟、妻子（见《史记·秦本纪》裴骃集解引张晏说）。

[27] 汪信民：即汪革。宋代临川（今属江西）人。绍圣进士。吕希圣门人。有《青谿类稿》《论语直解》。

[28] 齩（yǎo）：用牙齿咬啮。此指吃。

[29] 柳公绰：唐代华原（今陕西耀县）人。字宽。历官吏部尚书、河东节度使等。

[30] 听：允许。

[31] 束带：整饰衣服（表示端庄、恭谨）。

[32] 绢素：未曾染色的白绢。

[33] 绫罗锦绣：泛指高级丝织品。

[34] 归觐：谒拜父母或觐见君王。

[35] 金碧舆：装饰华丽的车子。

[36] 竹兜子：一种有座位而无轿厢的竹制的简陋轿子。

[37] 粉：粉碎。将……研成细末。　苦参（shēn）：根入药，味苦寒。　黄连：根茎入药，味苦性寒。　熊胆：熊的胆。可入药，味苦。

[38] 和（huó）：粉状物中加液体搅拌或揉搓，使之黏成一体。

[39] 永夜：长夜。

[40] 名：著名。

[41] 心广体胖（pán）：心中坦然，身体舒泰。

[42] 神昏气溃：同“神气昏溃”。头脑昏乱。

孝友堂家规[1]

[明] 孙奇逢[2]

迩来士大夫，绝不讲家规身范，故子若孙鲜克由礼，不旋踵而坏名灾己，辱身丧家，不知立家之规，正须以身作范。祖父不能对子孙，子孙不能对祖父，皆其身多惭德者也[3]。一家之中，老老幼幼，夫夫妇妇，各无惭德，便是羲皇世界[4]。孝友为政，政孰有大焉者乎？舜值父母兄弟之变[5]，汤武值君臣之变[6]，周公值兄弟之变[7]，虽各无惭德，然饮泣自伤，乌能愉快于无言之地[8]？吾家先徽[9]，以慈孝遗后人，所垂训辞，世守勿替。余因推广其义，为十八则，愿与子若孙共勉之。

安贫以存士节。

寡营以养廉耻[10]。

洁室以妥先灵。

斋躬以承祭祀[11]。

既翕以协兄弟[12]。

好和以乐妻孥[13]。

择德以结婚姻。

敦睦以聊宗党[14]。

隆师以教子孙[15]。

勿欺以交朋友。

正色以对贤豪[16]。

含洪以容横逆[17]。

守分以远衅隙[18]。

谨言以杜风波[19]。

暗修以淡声闻[20]。

好古以择趋避[21]。

克勤以绝耽乐之蠹己[22]。

克俭以辨饥渴之害心。

右十八则[23]，无非先人所常言者，余参以己意而次第之。盖教家立范，品行为先，故首存士节，养耻心。孝友为政，立祠举祀，其先务也。谢叠山曰[24]：“兄弟不知，家庭间尽是戾气[25]，虽有妻子之乐不乐矣。然兄弟不知，多开隙于妻子。”《易·家人》[26]：“利女贞[27]”。夫子以好合先既翕，而得父母之顺，亦可知矣。婚姻之事，家之盛衰攸关，论财不论德，宜君子不入其乡也。家有长幼，孰是可以诈伪相接。朋友信之，己不信而能得人之信，其谁与我？子孙不肖，祖父之教不先。古人易子而教，自童蒙即为择师。爱而不劳，禽犊之爱也[28]。与贤豪相对，最不可有媚悦之色；与妾人相值，亦当存自反之心。衅隙之开，风波之招，非多事则横议，守分谨言，庶乎免矣。声闻过情，君子耻心。趋避不审，不学无术耳。暗修好古，君子日用所从事者，端在于斯。居家之道，八口饥寒[29]，治生亦学者所不废，故以勤俭为终焉。凡此皆吾人分内事，人人可行，人人不肯行。余为此规，不敢望之天下，不敢望之一国，窃欲望之一家，因取先圣先贤所以教戒子弟者，偶录六则于左[30]，以为家规榜样，其亦可参观而悟矣。

孔子之教伯鱼也[31]，曰：“不学诗无以言，不学礼无以立。”淑性情，固筋骨，立身之大端尽此矣。

周公谓鲁公[32]：“故旧无大故则不弃”，何其仁也！“无求备于一人”，何其恕也！仁且恕，世岂有外焉者乎？

马援戒其子也[33]，曰："闻人过失，如闻父母之名，心可知，口不可言。"此涉世之道焉。

汉昭烈云[34]："勿以善小而不为，勿小恶小而为之。"此真圣贤集义迁善要诀，不谓英雄人能见及此。

柳玭之戒其子弟也[35]，曰："不识儒术，不悦古道；身既寡知，恶人有学；胜己者嫉之，佞己者扬之；以衔杯为高致[36]，以勤事为俗流。"此最中人膏肓之病。

王阳明曰[37]："我子弟苟远良士而近凶人，是谓逆子，亲师取友之谊，夫岂有外焉者哉！"

右六则，因与子若孙所常言者，随笔录之。此六则之义，千万人言之不尽，千万世用之不尽，凡我子孙，其绎斯言[38]。

注释

［1］《孝友堂家规》：明清之际学者孙奇逢根据先人遗训归纳、概括出来的。作者为家人规定了道德修养、处理家庭及邻里关系、择偶交友等方面的行为准则，今天看来，仍不乏借鉴意义。

［2］孙奇逢（1584—1675）：明末清初著名学者。字启泰、钟元，直隶容城（今属河北省）人。万历举人。一生不仕，专事讲学著书，为理学大家，与黄宗羲、李颙并称清初三大儒。因晚年移居苏门夏峰，世称夏峰先生。著有《夏峰先生集》《四书近指》《理学宗传》等。

［3］惭德：因言行有缺失而内愧于心。

［4］羲皇世界：羲皇，指伏羲氏。羲皇世界，即太古世界。古人想象伏羲以前的社会，其民无忧无虑，恬静闲适。

［5］舜：上古五帝之一。姚姓，名重华，因其先国于虞，

史称虞舜。为古代传说中的圣君。据说受尧禅让，后禅位于禹，死于苍梧。

[6] 汤武：亦称成汤、武汤。商代开国之君。夏桀无道，汤伐之，遂有天下，国号商。

[7] 周公：西周初年政治家。姬姓，名旦，亦称叔旦。周武王之弟。因封地在周（今陕西岐山北），称为周公。曾助武王灭商。武王死后，成王年幼，由他摄政。其言论见《尚书》的《大诰》《康诰》《多士》《无逸》《立政》诸篇。

[8] 乌：疑问副词。何，哪里。

[9] 微：贫贱，卑下。

[10] 寡营：欲望少，不为个人营谋打算。

[11] 斋躬：亲自斋戒。

[12] 既翕（xī）：《诗·小雅·常棣》中有“兄弟既翕”的诗句。翕，合，聚。既翕，指兄弟互相和睦。

[13] 孥（nú）：儿子。

[14] 敦睦：亲厚和睦。　聊：依靠，倚赖。　宗党：宗族，乡党。

[15] 隆师：尊重老师。

[16] 正色：神色庄重、态度严肃。

[17] 含洪：包容博厚。

[18] “守分”句：衅，空子；隙，裂缝。这句意思是，安守本分，远避他人的寻衅和挑拨。

[19] 杜：杜绝。

[20] “暗修”句：大意是，潜心修业，不热衷名利。

[21] 好（hào）古：崇尚前人高风。　趋避：趋利避害，趋吉避凶。

[22] 蠹：损害，败坏。

[23] 右：指以上所列诸条。古书竖写，由右至左，故称。

[24] 谢叠山：即谢枋得（1226—1289），南宋诗人。字君直，号叠山，弋阳（今属江西省）人。宝祐四年与文天祥同科进士，官江东提刑、江西招谕使。入元朝，朝廷迫其出仕，地方官强制送往大都，乃绝食而死。后人辑有《叠山集》。

[25] 戾气：邪恶之气。

[26] 《易》：即《周易》，又称《易经》。儒家重要经典之一。相传为周朝人所作。内容包括《经》和《传》两部分。《经》主要是六十四卦和三百八十四爻。又有卦辞、爻辞说明卦、爻，旧传文王作辞。《传》包括解释卦辞、爻辞的文辞十篇，统称《十翼》，旧传为孔子作。据近人研究，并非出自一时一人之手。《家人》为《易》卦名。

[27] 利女贞：出自《易·家人》卦。意谓利于女子守正道。

[28] 禽犊：禽和犊。泛指动物。

[29] 八口：语出《孟子·梁惠王上》。指一家人。

[30] 左：指以下诸条。古书竖写，由右至左，故称。

[31] 伯鱼：即孔鲤，字伯鱼。孔子之子。

[32] 鲁公：指伯禽。周代鲁国的始祖。姬姓，字伯禽，亦称禽父。周公旦长子。周公东征胜利后，成王把殷民六族和旧奄国地，连同奄民，分封给他，国号鲁。

[33] 马援（前14—后49）：字文渊，东汉初扶风茂陵（今陕西省兴平东北）人。新莽末，为城大尹（汉中太守）。后归刘秀。建武十七年（公元41年）任伏波将军，封新息侯。后在进击武陵“五溪蛮”时，病死军中。曾在西北养马，得专家传授，发展了相马法。著

有《铜马相法》。

[34] 汉昭烈：即蜀汉照烈帝刘备（161—223），字玄德，涿郡涿县（今属河北省）人。三国时蜀汉的建立者。公元221—223年在位。

[35] 柳玭：唐朝京兆华原（今陕西省耀县）人。出身于唐末名宦世家。历任左补阙、刑部员外郎、御史中丞。文德元年（公元888年），以吏部侍郎拜御史大夫。后坐事贬泸州刺史。祖柳公绰，父柳仲郢，皆以理家严谨闻名，有“言家法者，世称柳氏”之誉。

[36] 衔杯：沉溺于饮酒作乐。

[37] 王阳明：即王守仁（1472—1528），字伯安，余姚（今浙江余姚）人。明朝哲学家、教育家。曾于故乡阳明洞讲学，学者称阳明先生，亦称王阳明。先后任刑兵部主事。卒谥“文成”。提创“心学”。著有《传习录》《王文成公全书》。

[38] 绎：连续不断。引申为流传，传布。

从桂堂家约

[清]陈　确[1]

《记》曰[2]："礼不下庶人。[3]"曰："贫者不以货财为礼。[4]"曰："国奢则示之以俭。[5]"曰："国无道，君子耻盈礼焉。[6]"前两言者，固吾家之所当守，而后二言，抑亦今日之所宜致思者也。予兄弟近与同志发明素位之学[7]，格格难行。亦莫之行耳，岂真难行哉！子路曰[8]："伤哉贫也！生无以为养，死无以为礼也。[9]"子曰[10]："啜菽饮水，尽其欢，斯之谓孝。敛手足形，还葬而无椁，称其财，斯之谓礼。[11]"家大于父母，事无大于养生送死，而犹可以素位行之，又何况于子女之爱，教养婚嫁之恒规者乎[12]！客午至，宜饭。主人贫不能具肉，草蔬脱粟，应时出饷，主既不费，而客亦得速饱；有惭不敢言饭，使客忍饥而去；有典衣买肉，晡时始具[13]，客即得肉而久饥，主大劳费。君子于斯三主，当何去去从？杜诗"盘飧市远无兼味"[14]，得素位之理矣。是故权于事父母之礼，而所以抚卑幼者可推也；权于接宾客之礼，而所以待亲暱者愈可推也[15]。然则家岂复有难行之礼乎哉！岂惟予家，盖易简而天下之理得矣。于是本先人之志，具为约，以遗子孙。有渝约者，即为不类[16]，众共黜之。

子初生

弥月周岁[17]，勿受人贺，勿开喜筵。凡儿女始生，未知其能长育与否[18]，正当惜物养福，奈何喜儿女之生，轻贱众生以为宴乐乎！未离乳，勿与肉食及糕果之类。先人尝云“养小儿宁饥毋饱，宁寒毋暖，宁听其啼号，毋勤抱持”，乃所以安全之也。勿寄拜父母及神佛、卖婆、渔婆之类[19]，尤当切戒。

就塾

六七岁以上，渐有知识，择端重乡塾以为之师[20]。先须教以循礼节，知孝敬，敦忠实为本，而读书习字次之。经书既完，且令流览史传，以裕养本源。勿亟开笔作诗文[21]，俟其文义会通，渐有一种跃然欲自见之意，然后迎其机而道之，亦易就也。词取明理达意而止，毋令习为浮华不根之文，养成虚诞[22]。贫不能具修脯，则伯叔父兄互相师教。吾伯兄幼尝从吾父游[23]，吾与两弟幼从伯兄游，季确又幼从予游[24]，此予家法也。子弟患无志，何患无资！教女，静默恭勤，惟令习织纫烹调之事，勿工缋绣[25]，及通文墨。

注释

[1] 陈确（1604—1677）：初名道永，字非玄，后改名确，字乾初，浙江海宁（今浙江省海宁县）人。明末清初一个具有进步倾向的思想家，对程朱理学进行了有力的批判，其思想主要是：“道无尽，知也无尽。”著有《大学辨》《葬书》《警言》和诗文集等。

[2] 《记》：即《礼记》，亦称《小戴礼记》。儒家经典之一。相传由西汉戴圣编纂，凡四十九篇，为秦、汉以前各种礼仪论著选集，大率是孔子弟子及其再传、三传弟子等所记。是研究中国古代社会情况、儒家学说和文物制度的参考书。

[3] 礼不下庶人：出自《礼记·曲礼上》。庶人，平民百姓。

[4] 贫者不以货财为礼：出自《礼记·曲礼上》。货财，货物，财物。

[5] 国奢则示之以俭：出自《礼记·檀弓下》。国，指君主；示，表现。

[6] “国无道”二句：出自《礼记·檀弓下》。国，指君主。盈，完全，全部。

[7] 素位：谓安于其素常所处的地位。是儒家的一种立身处世的态度。

[8] 子路（前542—前480）：仲氏，名由，也字季路，鲁国卞（今山东省泗水县）人。孔子学生。性直爽勇敢。孔子任鲁国司寇时，他被任为季孙氏的宰（家臣），后任卫国大夫孔悝的宰，在贵族内讧中被杀。

[9] “伤哉贫也”三句：出自《礼记·檀弓下》。生，指父母在世时；养，俸养；死，指父母死后；礼，本指礼物，这里指没钱给父母办丧事。

[10] 子：此为对孔子的尊称。

[11] “啜菽饮水”七句：出自《礼记·檀弓下》。啜菽饮水，吃豆类喝清水；尽其欢，孝养父母使其欢愉；斯，这；敛手足形，以衣棺收敛遗体；椁，套于棺外的大棺；称其财，量财尽力去办。

[12] 恒规：常规。

[13] 晡（bū）：傍晚。

[14] 杜诗：此指唐代大诗人杜甫的诗句。 “盘飧”句：出自杜甫《客至》诗。盘飧（sūn），指盘子里的菜肴；无兼味，是说菜不多。这句诗的大意是，由于贫困和离市较远，没有许多菜肴。

[15] 亲暱（nì）：亦作“亲昵”。指亲近的人。

[16] 不类：不善。

[17] 弥月：小儿初生满一个月。也称满月。

[18] 长（zhǎng）育：使之长大。

[19] 寄拜：依托给某人。 卖婆：旧指出入人家买卖物品的老年妇女。

[20] 乡塾：旧时乡间私塾。此指乡间私塾里的教师。

[21] 亟：急。

[22] 虚诞：荒诞无稽。

[23] 伯兄：长兄。 游：外出求学。

[24] 季：兄弟排行最小的。

[25] 缋（kuì）绣：此指绘画。

婚

聘积德有礼、贫士之家、工蚕织者为上[1]。六礼钗弊茶果之类[2]，虽有力，不过廿金。钗钏皆银，不得用金。幣不过四，不用绫紵。此大明士庶礼也[3]。聘之用黄白[4]，非礼也。若在廿金以内，不备物而从折者，可也。质产[5]，尤非礼也。然吾王父为吾父婚[6]，仓猝不成一弊，质田八亩附聘书。他日外王父以归，吾父藉此起家。吾父为季确聘于王[7]，亦不成一幣，质田六亩，季亦藉以起家。则质产虽非礼，犹胜废产[8]，故附记于此，以明产不可废之意，非欲我子孙以质产为礼也。贫士称情量力[9]，锡钗棉布，亦足为礼。不废之产，非而子谁归，又焉用质，以袭浮文！

嫁

不慕财势，不十年不字[10]。必十年而婿之，贤愚乃可见。不受聘金，不办回盘[11]，不迎奁[12]。虽有力，不逾奁单。凡嫁女，诸父昆弟不另致赠[13]，即照单分任一二物以助之。始自檝女，后各以次轮助。婚丧亦然。则主人虽极贫，可免外贷。此一家血脉常通之道也。不授奁产，若废产赔嫁，宁留作奁产可也。必有赢产，且皆继置者方可，若祖父分产，虽赢不可。不亲送女至婿家。

奁单附：

衣橱一口	衣箱二口	火箱一只
梳桌一张	琴凳二条	大杌头二条
小杌头二条	衣架一座	面架一座
梳匣一个	镜箱一只	铜镜二面
面盆一个	灯台一个	烛千一对
脚炉一个	布衣二袭[14]	细衣二袭
铺陈一副	床帐一条	床幔一条
门簾一条	面桶一只	脚桶一只

右费共约卅金[15]。有力者视此，无力者任减之，更无限制。

丧

棺须预制，美恶称家为之，切勿高大，周身而止[16]。衣用生时所常服时服。不用僧道吹铳，不接遣煞[17]，不立七七名色[18]。不设酒肉，惟高年远客，间设一二味，及隆寒间设醴[19]。不折席[20]，不送程帛及舟从。不设盛奠，力辞亲友盛奠。不用纸锭。不谢孝，不闭灵，不停丧。

葬

族葬[21]，深葬，实葬。不信葬师[22]。不拘年月日时。不婚，不雨雪行丧[23]。

祭

祭止二时。支子不祭，祭从宗子[24]。不墓祭[25]。不祭非鬼（如佛、梓潼寿亭及华光之类）。

䜩　集[26]

虽䜩新亲[27]，勿逾五簋。常会不逾三。不举优，不沉湎[28]。

杂　约

官粮不违限。不与人争财产。不兴讼；讼不求胜。不轻贷人；不轻贷于人；不负人贷；不穷追人贷。不刻收佃租。不贰权量[29]。不尽亲友之情；不尽僮仆之力。不轻收僮仆婢；不亵使婢女[30]。三姑六婆不令入门。妇女不入寺门。农桑毋失时。

孝友敦睦，家之本教。吾约独不及者，以吾子弟自幼读书，经史所载，师友所讲，宜闻之已熟。惟夫非礼之礼，最愚俗所易惑，故肫肫致戒[31]。吾子弟能率由斯约[32]，即孝友之理于斯而寓。有未尽者，以类推之，则无非道义矣。尹耕莘野[33]，乐尧、舜之道[34]，得力在一介不取予，只是分毫无错，所谓经一之学也。而俗儒罔识[35]，舍日用而空谈性命，故终其身不知道。即如丧葬中最切要事，无过棺椁。贫家用三樗杉木，或四五樗，但尽心料理，虽四三金以上[36]，亦足为固。力不能具椁，深坎而葬[37]，棺旁筛细土，实筑之，永无水蚁之患，于人子之心，亦复何憾！富贵之家，仓猝买材[38]，百金以易朽木。及圹虚则容水[39]，葬浅则速朽，虽茔封高敞[40]，致饰巨万，其实不及向所谓杉棺而深葬者。欺己欺人，于所生亦曾有分毫之益否乎？必鬻产后可襄事[41]，彼贫无产业者，必鬻身而可也。先王因人情而制礼[42]，实不如是。圣教衰息，人竞虚名，庸有既乎！虚实之间，学术之邪正判矣，而家国天下安危理乱之机，亦于斯决矣。可不慎哉！可不慎哉！

注释

［1］　聘：娶妻。

［2］　六礼：古代在确立婚姻过程中的六种礼仪，即纳采、问名、纳吉、纳徵、请期、亲迎。　弊：缯帛。此指

娶妻时馈赠给女方的礼品。

[3] 大明：指明朝。

[4] 聘：此指聘礼。　黄白：黄金与白银。

[5] 质产：质，通“贽”。质产，指娶妻时送给女方的财产。

[6] 王父：祖父。

[7] 王：指陈确妻王氏。

[8] 废产：废弃田产（指变卖）。

[9] 称情：衡量人情。

[10] 字：旧称女子许配他人。

[11] 回盘：旧时婚俗。男家用托盘送衣服首饰等物给女家作为聘礼，称“行盘”。女家回礼，把衣物放在托盘、抬盒里，叫“回盘”。

[12] 奁（lián）：此指嫁妆。

[13] 诸父：指伯父和叔父。　昆弟：兄弟。

[14] 袭：衣服成套称袭。

[15] 右：指以上各项。右书竖写，从右往左，故称。

[16] 周身：足于一身。此指棺材不宜太大，能足以放置尸体即可。

[17] 接煞（shà）：犹招魂。旧时迷信，于人死后所谓魂复归之日，请巫祝招之还家。

[18] 七七：旧俗以人死后每隔七日祭奠一次，到七七四十九日为止，共为七七。

[19] 隆寒：严寒。　醴：甜酒。

[20] 折席：谓用金钱抵充酒席。多借此名义向人赠送金钱。

[21] 族葬：同一高祖的子孙葬在一块墓地。

[22] 葬师：旧时丧葬中以看风水、择时日等迷信活动为业

的人。

[23] 行丧：举办丧事。

[24] 宗子、支子：古代宗法制度以嫡长子及继承先祖嫡系之子为宗子；嫡妻的次子以下及妾子都为支子。

[25] 墓祭：在墓前祭祀。

[26] 讌（yàn）集：聚饮。

[27] 讌：通“宴”。宴饮，宴请。

[28] 沉湎（miǎn）：亦作“沉酾”。此指嗜酒。

[29] 权量（liàng）：权与量。测定物体大小、轻重的器具。

[30] 亵（xiè）：亲近，亲狎。

[31] 肫肫（zhūn zhūn）：诚恳。

[32] 率（shuài）由：遵循，沿用。

[33] 尹：指伊尹。商初大臣。名伊，官名尹。传说奴隶出身，原为有莘氏的陪嫁之臣，商汤用为“小臣”，后任以国政，辅佐商汤攻灭夏桀。　莘野：古代有莘国的原野。在今山东省曹县西北。伊尹曾耕于此。

[34] 尧：传说中父系氏族社会后期部落联盟领袖。陶唐氏，名放勋，史称唐尧。他曾推选舜为继承人，死后，由舜继位。

[35] 俗儒：浅陋而迂腐的儒士。与“大儒”、“通儒”相对。　罔识：没有见识，没有远见。

[36] 四三：犹三四。表示为数不多。

[37] 坎：墓穴，墓坑。

[38] 材：棺材。

[39] 圹：墓穴。　虚：空旷。

[40] 高敞：高而大。

[41] 鬻（yù）：卖。　襄事：成事。

[42] 先王：指上古贤明君王。

于清端公治家规范

[清]于成龙[1]

《传》曰：君子不出家，而成教于国，则是家有教也。正惟一家有教，一国观感，相习成风。而仁让兴焉矣。故作家训，以示后人云。

孝为百行之原。父母生儿，能有几个身显荣亲的？就是力田、贸易、肩挑负贩者，皆可随分以养亲，但要把父母时时刻刻放在心里。读书明理者，以养志为先，愚夫俗子，亦勉力养其口体，依依膝下，始终孺慕[2]。如有不孝，族人公罚。

弟兄形虽有二，溯源于父母之身。为兄者当爱，为弟者当敬。患难相恤，贫富相顾，不肖相劝。勿听妻子之言而伤手足之情。

族人皆吾祖宗一脉。吾今立训：凡系族人，不分枝派远近[3]，不论人品贵贱，俱照长幼执礼。倘敢高下异视，照不睦条议罚。

士、农、工、商，各执一业。子弟十二三岁，贤愚已定，贤者做向上事，愚者亦令执一艺，庶不致闲旷其身[4]，到了长成，还可以赡养妻子。若一姑息，或听其暴弃，鲜不贻后日之悔也。

士子幸而上达[5]，身虽贵显，居家切要勤俭，不可奢靡，待人务宜谦光[6]，不可骄傲。

有田之家，率其佃仆及时耕种，及时耘耨[7]。宁先时，毋后时，仍不时亲身董率[8]，勿自家懒惰，委之家人。

种田深耕易耨，勤得一分，多得一分之利。仍要积聚粪灰，地肥则苗盛。虽遇丰年，所获纵多，不可浪费，少留储蓄以备凶荒。田有隙地，必种瓜菜之类，以补不足。朝廷钱粮，依期封纳[9]，不可拖延，为里中顽民。

生意之人，或开店，或行商，俱要早起晚睡，不可偷安。

居家要俭，衣服饮食不可浪费。吾永宁地土硗瘠[10]，亢涝靡定[11]，少有所蓄，庶可以备荒年。

驭仆婢[12]，体恤劳苦，轸念饥寒[13]。临之以庄[14]，驭之以礼，至要！至要！贵显之后，禁其放肆，则又宁严毋宽也。

结亲惟取门当户对，不可高攀。司马温公曰[15]：“嫁女胜吾家，娶妇不若吾家”。二语切记！切记！女夫儿妇，俱要一一访实，慎之于始，不可将儿女轻许。至于聘财妆奁[16]，但当量其家计大小，不可过费，恐伤元气。

丧葬俱按文公家礼行。父母年至六十，则衣衾棺木之类[17]，俱当及时置办。

祭祀祖先，或时祭[18]，或忌日。牲醴、汤饭、纸钱[19]，量力设备，男妇依序行礼，不可疏略。

夫妇之间，当思一“敬”字。梁鸿、孟光举案齐眉[20]，千古称为美谈，敬而已矣。

凡年至四十无子方许置妾，嫡妻不得妒忌，其夫亦不得纵妾凌妻，犯者合族公罚。

贵显之家有故交[21]。寒士在座，觉得另有一番韵致。若有骨鲠之士、文学之人在座[22]。则愈显其休容之度矣[23]。子弟贵显者切莫疏慢士类。

人家生儿子，聪明人每多刻薄，则暗中亏折了许多福分。常见庸庸之人，反享厚福，系天机浑含不露[24]，所以受用。我劝聪明子弟以宽厚宅心[25]，庶可邀和平之福。

子弟不许结交淫朋浪友，为父兄者，急早禁绝，以防其渐。子弟年幼，早晚不时稽查，不许远离膝下，即从师在学，亦必访察功课，勿事姑息。

子弟家居，饮食动作俱教以规矩，事上接下，俱教以礼数，勿致放荡。

子弟出外，必禀命于父兄，反必面[26]。妇女外出，必禀命于公婆，反必面，不许擅自出入。

子弟到五六岁时，男则从师，颖悟者[27]，望其上进；愚鲁者，束其身心。孔子曰："爱之能勿劳乎?"女孩儿，即教其纺绩[28]，教其针黹[29]，仍约束其骄傲之性。妇主中馈[30]，务要早起晚睡，不可懒惰。语言谨慎，不可纵肆；行止端庄[31]，不可轻浮。

闺门要严肃，虽系中表至亲[32]，务要男女有别，远嫌别疑。不可同席而食，同坐而语。宅中分别内外，昏夜之间，女不出，男不入，女子有事，夜行以烛。妇女不许入寺观烧香拜会，惟在家念佛持素不禁。妇女在家，家常服饰，不得乔妆艳服。

致富由勤，我谓"公道"二字乃致富之要诀。常见世人欺慢愚人，巧诈取财，戥秤升斗[33]，出入各别，也有赚钱起家的，此心一欺，必干天道[34]。故"公道"二字，其致富在勤字之上。富贵是命里带来的，然天道恶盈，若无德以迓之[35]，恐转而消折矣。

钱财盈丰，千仓万箱，若遇好事不做，遇贫难不施，不过一守财虏耳。或者博施济众，上天鉴之，必永享富厚也。

居心不可刻薄，当处处以仁，存心纯是一团蔼然和气，福慧油然而生，为子孙存了多少地步。

立身贵高，不可同流合污。看得自己身子重，自然非礼不为。视一班苟贱趋奉者如泥涂[36]，我之身岂不抬高乎！

人贵立志，念念向上一等做去，有志者事竟成矣。

莫谓此心可欺也，欺此心即是欺天。心存正直，天知神敬；心存欺诈，鬼祸灾生。从古欺心做坏人者，曾有几个到头？

勿谓些小之善不足纪，善念一生，天必降之福；勿谓些小之恶无足畏，恶念一生，天必降之灾。

凡事不可做尽。人力不逮于我[37]，不可穷人之力；人势不及于我，我不可使尽其势。即言语之间，不妨让人一句。

小不忍则乱大谋，忍得一分，受用一分。父子不忍，则乖天伦[38]；兄弟不忍，则成吴越[39]；夫妻不忍，则鱼水反目；朋友不忍，则气谊参商[40]；居家不忍，则乖气致戾[41]；世情不忍，则变起仇敌。一言不合，戈矛顿起，人命反掌，不忍之害大矣，可不慎诸！

以上四十二条，皆我亲身阅历，件件有著。凡我后人，勿谓其迂远而忽之也[42]。

注释

[1] 于成龙（1617—1684）：字北溟，号于山，清代山西永宁（今山西省离石县）人。初知罗城县，累官直隶巡抚、两江总督。为官清廉有节，有“天下第一清官”之称。卒谥“清端”。有《于山奏牍政书》传世。

[2] 孺慕：对父母孝敬。

[3] 枝派：指支族。即宗族的分支。

[4] 庶：或许，也许。

[5] 上达：向上发展。指得到官职。

[6] 谦光：即“谦虚而光”。语出《易·谦》。谓尊者谦虚而显示其光明美德。此指谦虚。

[7] 耘耨：犹耕耘。翻土除草。

[8] 董率：督促率领。

[9] 封纳：封装交纳。

[10] 永宁：明隆庆元年（公元1567年）改石州置州，治所在今山西省离石县。 硗（qiāo）瘠：土地坚硬瘠薄。亦指瘠薄之地。

[11] 亢（kàng）：干旱。

[12] 驭：统治，治理。此为“使唤”之意。

[13] 轸（zhěn）念：此为“关怀”之意。

[14] 庄：庄重严肃。

[15] 司马温公：即司马光（1019—1086），北宋大臣，史学家。字君实，陕州夏县（今山西省夏县）人。神宗初，任翰林兼侍读学士。因反对王安石变法，退居洛阳潜心著述。哲宗即位诏入朝，为相八个月病死，追封温国公。所编《通志》赐名《资治通鉴》。著有《司马文公集》。

[16] 妆奁（lián）：女子梳妆用的镜匣。此指嫁妆。

[17] 衣衾：指装殓死者的衣服与单被。

[18] 时祭：一年四季按时举行的祭祀。

[19] 牲醴：指祭祀用的牺牲和甜酒。

[20] 梁鸿：字伯鸾，东汉初扶风平陵（今陕西省咸阳西北）人。家贫博学，与妻孟光隐居霸陵山中。因写诗讽刺统治者，为朝廷所忌，遂改名逃至吴（治今苏州市），为人舂米。每归，孟光为具食，举案齐眉，以示敬爱。不久病死 举案齐眉：典出《后汉书·逸民传》。案，有脚的托盘。后世以“举案齐眉”泛指夫妻相敬如宾。

[21] 故交：旧交，旧友。

[22] 骨鲠：比喻刚直。

[23] 休容：宽容，气量大。

[24] 浑含：含蓄。

[25] 宅心：居心，用心。

[26] 反必面：反同“返”。即子女外出归来必须向父母告归。

[27] 颖悟：亦作“颕悟”。聪明，理解力强。

[28] 纺绩：古代纺指纺丝，绩指缉麻。纺绩是指把丝麻等纤维纺成纱或线。

[29] 针黹（zhǐ）：针线活。

[30] 中馈：指家中供膳诸事。

[31] 行（xíng）止：指行为举动。

[32] 中表：指与祖父、父亲的姐妹的子女的亲戚关系，或与祖母、母亲的兄弟姐妹的亲戚关系。

[33] 戥（děn）：即“戥子”。一种称量微量物品的小型杆秤。最大单位以两计，最小以厘计。

[34] 干：干犯，冲犯。

[35] 迓（yà）：迎接。

[36] 苟贱：卑鄙下贱。 趋奉：奉承，讨好。

[37] 不逮：比不上，不及。

[38] 乖：背离，违背。

[39] 吴越：春秋时吴越两国经常攻伐，积怨殊深。后人常以“吴越”比喻相互仇视的人。

[40] 气谊：义气情谊。 参（shēn）商：参星和商星。参星在西，商星在东，此出彼没，永不相见。因以比喻人彼此对立不和睦。

[41] 乖气：邪恶之气，不祥之气。 戾（lì）：至，到达。

[42] 迂远：犹迂阔。不切合实际。

蒋氏家则[1]

[清]蒋 伊[2]

每月朔望，弟子肃衣冠[3]，先谒家庙，行四拜礼[4]，读家训；次谒祖父母、父母、师长及嫡伯叔嫡兄，俱长揖[5]。

春秋祭扫，先西山祖茔[6]；次北山祖茔；次乌目墩始祖墓。祭品丰俭适中，行四拜礼，奠酒三爵毕，连叩四首。外祖妣朱氏墓[7]，祭品用素。毛安人墓[8]，止本家子孙致祭[9]。

家中时祭[10]，元旦奉祀三代祖先五日[11]。春祭清明，夏祭端午、夏至，秋祭中元、十月朔[12]，冬祭长至、除夕[13]。荐新祭新麦、新谷、樱桃、鲥鱼[14]。忌辰祭[15]，止祖父母、父母，祭品祭仪，不用繁文[16]，务尽诚敬。

西山祖墓，须遵宪约，严禁人山头采石及盗卖垄泥。

子弟举动，宜禀命家长。有败类不率教者，父兄戒谕之；谕之而不从，则公集家庙责之；责之而犹不改，甘为不肖，则告庙摈之，终身不齿。有能悔心改过，及子孙能盖愆者[17]，亟奖导之，仍笃亲亲之谊[18]。

友爱异母兄弟姊妹，不得溺妻子言[19]。

早完官税，不得付托匪人[20]，致有侵隐，及贪小利，寄他人田于户上，致稽国赋[21]。

不得从事奢侈，暴殄天物[22]。厨灶之下，不得狼藉米粒。下身裹衣，不得用绫纱，其绵绸茧绸，或间用之。

不得逼迫穷困人债负穷佃户租税，须容之，令其陆续完纳。终于贫不能还者，焚其券。人有缓急那移[23]，取利不得过贰分。

每月朔望放生，家中戒杀，勿食牛犬肉。祭祀婚丧及仕宦喜庆，俱市五净肉[24]，不得特杀[25]。子孙世世守之。

敬惜字纸，糊窗裹物，不得用有字纸张。僮仆有能善体此意者，亟奖励之。

不得用极低银[26]，间有误收箧中者，即弃之，勿误后人。

收租及各项收入，俱遵我所定准斛准斗[27]，不得改易。

交易及买卖日用等类，不得以重等入轻等出，及用大小秤。

仓场须常自检点，不可作践五谷。

族党子弟，有志读书而贫不能达者，宜引掖之[28]。

宜慎交游，不可与便佞之人相与[29]。少年心性把握不定，或落赌局，或游狎邪，渐入下流矣。

不得言人闺阃[30]。

宜戒邪淫，家中不许留蓄淫书，见即焚之。

少年血气未定，戒之在色，刻削元气，必致不寿。甚至恶妓娈童[31]，不择净秽，多致生毒，势必攻毒之剂投之，而此身真气，消烁殆尽矣，以是身婴疾苦，终为废人。出不得博一命之荣，入则殆父母之忧，非不孝而何？父兄当严以教之。人生世间，荷天地覆载之恩，享祖父留余之荫。农夫立于田，我得而食之，织妇劳于室，我得而衣之。第一宜敬天地，或每月朔望，或逢令节，整肃衣冠，清香一炷，答谢上苍。

不得破人婚姻。

不得恃才凌傲前辈，轻易非笑人文字[32]。

和睦邻里族党，勿听家人及妇人言致争。

读书之暇，宜虔奉《太上感应篇》《文昌帝君救劫宝章》《金刚经》《袁了凡先生功过格》[33]，身体而力行之。

不得轻信巫祝[34]，疾病须择良医，善自调摄，不许祷赛[35]。

嫁娶不可慕眼前势利，择婿须观其品行，娶妇须观其父母德器[36]。一诺之后，不得因贫贱患难，遂生悔心。

不可好胜，作炫耀事，靡费财力[37]，至窘乏时，悔无及矣。

不得为人买童婢送至远方，致人离乡背井，终身远父母兄弟。

不得谋人风水，方寸若好[38]，吉地自得。

祖墓前，有地归我家，而冢是他人者，我子孙不可平之。遇事须平和处之，不得先兴讼端及讦人阴私、出人揭帖[39]。若有出仕者，列款一事，恐波及无辜，尤须慎之。

子孙有出仕者，宜常看感应劝善诸书及《臣鉴录》[40]。慎刑察狱，宁郑重，勿轻忽；宁宽厚，勿刻薄，并不必好名，此事关系阴骘不小[41]。至讼事勿牵连妇女。我父于闽粤两任，力持此约，我幼时目击之。凡非人命强盗重情及钦件事[42]，不可轻监禁人。

不可以势利强取人财。财命相连，得无以此伤人命乎？吕祖尚不肯误五百年后人[43]，况目前哉？

不可为人准词状，此事人极易犯之。我力守此戒，已十九年矣。因昔曾为人准一词，而两家结讼，经年不已，致两败俱伤，我深悔之。后人能体我悔过之心，则可谓贤孝矣。

科场分房主考，及考试生童，须秉公甄拔孤寒[44]，不可受贿。天人鉴之，鬼神察之。

若登仕籍，不得上书轻言兵事。盖兵之为民祸也烈矣。

积谷本为防饥，若遇饥荒，须量力济人，不得因歉岁反闭粜以邀重价[45]。子孙中有太贤者，更能推我之所未尽，救贫济乏，养老育婴，种种善果，天必佑之。

有应验良方可救人者，随力及物。

宜多蓄救火器具，里中有急，遣人助之。

读书于经史正课之暇，佛经中如《华严》《法华》[46]，力之俱足以增长智慧。至大悲期场，可植多生善根，随缘为之，随力为之。若不度德量力，贪信福报之说，而矫揉造作，修桥修寺，便是愚昧。

不得延妓女至家[47]。

女人不得供养尼姑在家，此辈两舌是非，多致离间骨肉。子孙有不守此训者，即为不孝。

正室宜论德不论才色[48]，白头相敬，家之祥也。

女子止主中馈、女红、纺织事[49]，不得操夫之权，独秉家政，及预闻户外事。《蒋氏家训》曰：妇女挟制丈夫，凌虐婢妾，不敬翁姑[50]，不和妯娌，虽女子秉性之恶，亦总是男子有以酿成之，故凡事不可使之专制。

女子但令识字，教之孝行礼节，不必多读书。

女子稍长，每月朔望命其先礼佛[51]，次谒见祖父母及父母，善诲导之。盖女性多鸷[52]，礼佛所以启其慈心也；雍容谒见，所以娴事舅姑之礼也[53]。

儿女长至十岁以大，兄妹姊弟即不得同房而居，合席而食。若兄弟多者，男子长而有室[54]，一二年间，即令分居。古人治家，男女不杂坐，不同巾栉[55]，不亲授受[56]，亦此意也。

妇人三十岁以内，夫故者，令其母家择配改适[57]，亲属不许阻挠。若有秉性坚贞、誓死抚孤守节者，听，众共扶持之，敬侍之，周恤之，不得欺凌孤寡。

妾媵四十岁以内[58]，夫故者，即善嫁之，其有天赋贞操，确乎不移，誓愿守节者，听。按此三条，小有违于古人同居之义，风节之思[59]，然于末世中[60]，别嫌明微[61]，正有深意，不可以阀阅之家[62]，而徒慕虚名也。

外祖妣朱氏，十九岁寡居，我母太安人，妣之继女也。母于归后[63]，妣与偕来[64]，同我母食贫艰苦[65]，我长兄、二兄、长姊及我，皆妣所抚育，卧则同席，起则出入复之者也。妣至七十八岁卒，墓在西山祖茔之后，苦节六十年[66]，长斋六十年[67]，真节妇也。惜以亡过[68]，不合例请于朝。其形容，长儿幼时，犹仿佛见之。拨祭田十亩，授长兄陈锡，俾我长房子孙[69]，世奉其祀。

女人不得以多产故溺杀子女，伤残天理。仆妇中有溺子女者，平日善开谕之，临时善调护之，以育其生。

不得苛虐僮仆，女人不得酷打婢妾。若婢妾无大罪，而致其人于死者，告庙出之[70]。夫不能制其妻者，众共绝之。女婢二十岁以内，即遣嫁，或配与僮仆，或择偶嫁之。不得贪利，卖与人为妾，致误其终身。

家人不许生事，扰害乡里。轻则家法责治，重则送官究惩。

不得淫污家人妇，上下纲常[71]，关系甚大，思之思之。

不得蓄优伶[72]，在外则致争起衅，在内则婢仆嫌疑，尤宜切戒。

司阍人宜择老成谨愿者为之[73]，客至须谦婉致答。

子弟所当痛戒者，以不听父兄师长之言及昵比淫朋为最[74]。盖择交不慎，则必导以骄奢淫荡之事，诱以贪利黩货之谋[75]，而家风隳[76]，人品坏矣。

子弟择师，必须博雅敦厚、束脩自好者[77]，厚其脩脯[78]，不可徒取时名。

不得久淹父母殡，古人亲未葬，则不变服易食，哀亲之未有归也。更不可惑于风水之说，亲既葬而屡行迁掘，夫亲之骸骨，岂为子孙求福利者哉。

宴客有节，不得于滋味着精神，致戕物命[79]。

不得恒舞酣歌，屡为长夜之饮。

交易分明，不得贪小便宜，邻于刻剥，致人有怨言。

故旧穷亲，不可违弃。

家僮不得有鲜衣恶习[80]。

注释

[1] 《蒋氏家则》：这是清代官吏蒋伊规范家人行为的一部家则。它除具备一般家训的训诫外，另有两点值得称道：一是在婚姻观上，作者反对女子“从一而终”的封建礼教，规定家人妇女和三十岁以内丧夫，可以再嫁；二是在教育子女方法上，提出奖惩结合的规定，鼓励悔心改过。这些都是今天应予肯定的。

[2] 蒋伊（1631—1687）：清代官吏。字渭公，号莘田，江苏常熟人。康熙进士，任翰林院庶吉士，授御史，刚正廉明；后迁广东粮储参议，除弊政、建学校，尚得民心；升任河南按察副使，提督学政。著有《莘田文集》。

[3] 肃：整肃。

[4] 四拜礼：古代表示庄重的拜礼。

[5] 长揖：拱手高举，自上而下行礼。

[6] 祖茔：祖先的坟地。

[7] 外祖妣：称已故外祖母。

[8] 安人：封建时代命妇的一种封号。宋代自朝奉郎以上，其妻封安人。明清时，六品官之妻封安人。如系封与其母或祖母，则称太安人。

[9] 止：仅，只。

[10] 时祭：四时的祭祀。

[11] 奉祀：供奉祭祀。

[12] 中元：指农历七月十五日。旧时道观于此日作斋醮，僧寺作盂兰盆会，民俗亦有祭祀亡故亲人等活动。朔：农历每月初一日为朔。

[13] 长至：指冬至。冬至夜最长，故称。夏至因白昼最长

亦称长至。

[14] 荐新：以时鲜的食品祭献。

[15] 忌辰：忌日。

[16] 繁文：繁琐的礼仪。

[17] 盖愆：语本《书·蔡仲之命》。谓修德行善以弥补过去之罪恶。

[18] 亲亲：亲属。

[19] 溺：沉迷。这里是听信的意思。

[20] 匪人：行为不端正的人。

[21] 稽：延迟。

[22] 暴殄天物：残害灭绝万物。今指任意糟踏物品。

[23] 那（nuó）移：挪借移用。

[24] 市：购买。　五净：佛教语。特许信众食用的五种肉食。即火净、刀净、爪净、蔫干净、鸟啄净。

[25] 特杀：杀牲。

[26] 低银：成色低的银子。

[27] 斛（hú）：量器。古代一斛为十斗。

[28] 引掖：引导扶持。

[29] 便佞（pián nìng）：巧言善辩，阿谀逢迎。

[30] 闺阃（kǔn）：借指闺房隐私。

[31] 恶（wù）妓娈（luán）童：娈童，被当作女性玩弄的美男。恶妓娈童，厌恶妓女而恋美男。

[32] 非笑：讥笑。

[33] 虔奉：诚敬地信奉。　《太上感应篇》：宋代李昌龄传。一卷。内容主要宣扬天道、奖善惩恶等。　《金刚经》：佛教经名。全称《金刚般若波罗蜜经》。因用金刚比喻智慧有能断烦恼的功用，故名。一卷。经文主要说明般若（智慧）的实际在于不著事相（无

相)，也就是情无所寄（无住)。中国禅家南宗即以此经为重要典据。《袁了凡先生功过格》：明代袁黄（号了凡）撰。分功格、过格两部分，每部分又包含若干条款。

[34] 巫祝：古代称事鬼神者为巫，祭主赞词者为祝；后连用以指掌占卜祭祀的人。

[35] 祷赛：祈神、谢神的祭祀。

[36] 德器：道德修养与才识度量。

[37] 靡（mí）费：浪费，耗费过度。

[38] 方寸：心。

[39] 讼端：诉讼之事端。 讦（jié)：揭发、攻击他人的隐私、过错或短处。

[40] 《臣鉴录》：清代蒋伊编辑。二十卷。编者纂辑历代史传名儒、名臣前言往行之最。包含劝部之属七十二，惩部之属五十。前列事实，后载格差。最早为咸丰刻本。

[41] 阴骘（zhì)：犹阴德。

[42] 重（zhòng）情：情节严重的案件。 钦件：犹钦案。即奉旨办理的案件。

[43] 吕祖：即吕洞宾（798—?)。俗传八仙之一。名嵒（一作岩)，号纯阳子，相传为京兆人。唐会昌（841—846）中，两举进士不第，浪游江湖，遇钟离权授以丹块，时年六十四岁。曾隐居终南山等地修道。后游历各地，自称回道人。传说他曾在江淮斩蛟、岳阳弄鹤、客店醉酒等。他的神话传说很多。元代封为“纯阳演政警化孚佑帝君”。通称吕祖。

[44] 孤塞：疑为“孤寒”之误。孤寒，指出身低微的贫寒士人。

[45] 闭粜：囤积粮食。

[46] 《华严》：即《华严经》。佛教经名。全称《大方广佛华严经》，又称《杂华经》。有八十卷译本和六十卷译本。该经提出了一些相对立的范畴（如“总”、“别”、“同”、“异”、“成”、“坏”等所谓“六相”），来说明世界事物的相互依存、相互制约等关系。为华严宗的主要典籍。 《法华》：即《法华经》。佛教经名。全称《妙法莲华经》，因用莲华喻佛所说教法的清净微妙，故名。共七卷。主旨说明释迦说法的唯一目的，是使众生都得到和佛一样的智慧，即人人皆能成佛。

[47] 延：邀请，引入。

[48] 正室：嫡妻，正妻。

[49] 女红（gōng）：同“女功”。旧称妇女从事的纺织、刺绣、缝纫等。

[50] 翁姑：公婆。

[51] 礼佛：拜佛。

[52] 鸷：狠戾。

[53] 娴：文雅。 舅姑：称夫之父母。俗称公婆。

[54] 有室：指男子娶妻。

[55] 巾栉（zhì）：毛巾和梳篦。泛指盥洗用具。

[56] 授受：给予和接受。

[57] 改适：改嫁。

[58] 妾媵（yìng）：古代诸侯贵族女子出嫁，以侄女和妹妹从嫁，称媵。后因以“妾媵”泛指侍妾。

[59] 风节：风骨节操。

[60] 末世：此指社会不太平静的年代。

[61] 明微：阐明精微的道理。

［62］ 阀阅：祖先有功业的世家、巨室。

［63］ 于归：出嫁。

［64］ 偕：同。

［65］ 食贫：过贫苦的生活。

［66］ 苦节：坚守节操、矢志不渝。

［67］ 长斋：长期素食。

［68］ 亡过：亡故，去世。

［69］ 俾：使。

［70］ 出：遗弃，休弃。

［71］ 纲常："三纲五常"的简称。封建时代以君为臣纲、父为子纲、夫为妻纲为三纲，仁、义、理、智、信为五常。

［72］ 优伶：优，俳优；伶，乐工。后通称戏曲演员为优伶。

［73］ 司阍（hūn）：看门的人。

［74］ 昵比：亲近勾结。

［75］ 黩（dú）货：贪污纳贿。

［76］ 隳（huī）：毁坏。

［77］ 博雅：学问渊博，品行端正。　束脩：此指约束修养。

［78］ 脩脯：旧指致送老师的薪金。

［79］ 物命：生命。

［80］ 鲜衣：美丽漂亮的衣服。

传家十四戒

[清]王夫之[1]

家谱“传家十四戒”：

勿作赘婿；勿以子女出继异姓及为僧道[2]。

勿嫁女受财，或丧子嫁妇[3]，尤不可受一丝。

勿听鬻术人改葬[4]。

勿作吏胥[5]。

勿与胥隶为婚姻[6]。

勿为讼者或作证佐。

勿为人作呈送。

勿作歇保[7]。

勿为乡团之魁。

勿作屠人、厨人及鬻酒食。

勿挟枪弩网罗禽兽。

勿习拳勇、咒术。

勿作师巫及鼓吹人。

勿主坛祀山魈、跳神[8]。

能士者士，次则医，次则农、工、商、贾，各惟其力与其时。吾不敢望复古之风矩[9]，但得似启、祯间稍有耻者足矣[10]。凡此所戒，皆吾祖父所深鄙者。若饮博狂荡自是不幸[11]，而生此败类。然其繇来[12]，皆自不守此戒丧其恻隐羞恶之心始。吾言之，吾子孙未必能戒之，抑或听妇言、交匪类而为之[13]，乃家之绝续。在此，故不容已于言。后有贤者引伸以立训范，尤所望而不可必者，守此亦可不绝吾世矣。

丙寅季夏薑斋七十老人书[14]

注释

［1］ 王夫之（1619—1692）：明清之际思想家。字而农，号薑斋，衡阳（今属湖南省）人，明崇祯举人，明亡，在衡山举兵起义，阻止清军南下。后应南明桂王之招，授行人。桂林复陷，乃决心隐遁，杜门不仕，专心研究。晚年居衡阳石船山，学者称“船山先生”。通天文、历数、经、史、舆地之学，诗文亦自成家。生平所著甚多，后人编为《船山遗书》七十种，三百二十四卷。

［2］ 出继：过继给别人做儿子。

［3］ 妇：媳妇。

［4］ 鬻（yù）术人：指靠迷信赚钱为生的风水先生。

［5］ 吏胥：旧时官府中的小吏。

［6］ 胥隶：封建官府中的小吏和差役。

［7］ 歇保：为人或事担保。

［8］ 山臊（sāo）：即“山魈”。又称“山㺐”。古代传说中的山怪。

［9］ 风矩：风度，气派。

［10］ 启、祯：明熹宗年号天启（1621—1627 年）和明思宗年号崇祯（1628—1644 年）的省称。

［11］ 饮博：饮酒博戏。

［12］ 繇（yóu）来：“繇”通“由”。繇来，即“由来”。

［13］ 匪类：行为不端正的人。

[14] 丙寅：指清代康熙二十五年，即公元 1686 年。 季夏：夏季的最后一个月，即农历六月。 薑斋：即王夫之，号薑斋。

德星堂家订[1]

［清］许汝霖[2]

窃闻，学贵治生[3]，谊先敦本[4]；维风厉行[5]，宁俭毋奢。方今物力惟艰[6]，人情不古[7]，竞纷华于日用[8]，动辄逾闲[9]；勉追报于所生[10]，事多违礼。习而不返，长此安穷[11]。不揣迂疎[12]，谬抒臆见[13]。黜浮崇雅[14]，敢云率俗于淳庞[15]；慎始虑终[16]，聊欲饬躬于轨物[17]。爰陈数则[18]，用质同心[19]。

一、晏　会

酒以合欢[20]，岂容乱德[21]？燕以洽礼[22]，宁事浮文[23]？乃风俗日漓[24]，而奢侈信甚。簋则大缶旧瓷[25]，务矜富丽[26]；菜则山珍海错[27]，更报新奇。一席之设，产费中人[28]；竟日之需，瓶罄半载[29]。不惟暴殄[30]，兼至伤残。尝与诸同事公订：如晏当事、贺新婚[31]，偶然之举，品乃十二[32]。除此以外，俱遵五簋，继以八碟，鱼肉鸡鸭，随地而产者，方列于筵。燕窝鱼翅之类，概从禁绝。桃李菱藕，随时而具者，方陈于席。闽广川黔之味，悉在屏除。如此省约，何等便安！若容欲留寓盘桓数日[33]，午则二簋一汤，夜则三菜斤酒。跟随服役者，勿烦再犒[34]。

一、衣　服

衣服之章[35]，等威有别[36]。寒暄之节，南北攸殊[37]。然而流风易溺[38]，积习难回[39]。居官者，章身不惜夫重价[40]；服贾者[41]，耀富亦羡乎轻裘。朱邸高明[42]，冠裳济济[43]；青油幕容，裘马翩翩。习以相沿，归而不改[44]。每见贵豪游子返温和之地，虽暖如寒。致令富厚少年睹灿丽之陈，趋新忘故；金貂玉鼠[45]，南服偏多；白狸青獐[46]，炎乡不少。偶焉寓目[47]，辄为惊心。亦思仆隶细人[48]，衣逾绅士；优伶贱役，服拟公侯。适滋丑耳，又何慕焉！吾非既已读书，自当毅然变俗。旧衣楚楚[49]，素履可钦[50]；襆被萧萧[51]，高风足式[52]。传前人之清白，不坠家声；贻后嗣以廉隅[53]，永遵世德[54]。抚躬自较[55]，所得孰多？

注释

[1]　此文据中华书局1985年《丛书集成初编》本。

[2]　许汝霖：清代海宁（今属浙江省）人。字时庵。康熙进士。曾督江南学政，累迁礼部尚书。一生高风亮节，功劳颇高。

[3]　治生：谋生，经营家业。

[4]　敦本：注重根本。

[5]　维：此用于句首的助词。　风（fèng）：教育。　厉行（xíng）：砥砺操行。

[6]　方今：当今，现在。　物力：可供使用的物资。　惟艰：相当欠缺。

[7]　人情不古：人心浇薄，社会风气浮薄。

[8]　纷华：富丽。　日用：日常应用（的物品）。

[9] 逾闲：越出法度。

[10] 勉：努力，勉强。 追报：报答死者。 所生：此指生身父母及祖父母等长辈。

[11] 安穷：安于穷困（此指作者自己）。

[12] 迂疎：迂远疏阔。不切实际，不合时宜。

[13] 谬（miù）：谬误。此为谦词。 臆见：个人的私见，主观见解。

[14] 黜（chù）浮崇雅：革除浮华、崇尚雅正。

[15] 敢：岂敢。 率（shuài）俗：对某些社会风气加以引导。 淳庞（páng）：敦厚质朴。

[16] 慎始：开始就慎重。 虑终：谋划事情的终结。

[17] 饬（shì）躬：饬身。警戒自己，使思想、言行合于礼法。 轨物：准则。

[18] 爰（yuán）：这里。 陈：陈述，述说。

[19] 质：就正，向人求教，以匡正学识、见解或文章的讹误。 同心：此指志同道合的人。

[20] 合欢：和合欢乐，和睦同欢。语出《礼记·乐记》："故酒食者，所以合欢也；乐者，所以象德也；礼者，所以缀淫也。"

[21] 乱德：败坏德行。

[22] 燕：通"晏"。晏饮。 洽礼：符合礼的道德观念。

[23] 宁：岂。 事：只。 浮文：华丽的文词。

[24] 漓：浅薄。

[25] 簋（guǐ）：此为食器的泛称。

[26] 矜（jīn）：自夸，夸耀。

[27] 山珍海错：山、海中出产的珍异食品。常泛指珍美丰盛的肴馔。

[28] 中人：不贫不富的中等人家。

[29] 瓶罄：《诗·小雅·蓼莪》："缾（瓶）之罄矣，维罍之耻。"缻，喻小；罄，尽。此指中等人家倾尽（半载之资）。

[30] 暴殄（tiǎn）：任意伤害、糟蹋东西。

[31] 当事：当权的人。

[32] 品：此指菜肴的种类。

[33] 盘桓：逗留。此指暂住。

[34] 犒：犒赏，以酒食财物慰劳。此指另备酒饭。

[35] 章：礼服上绣的花纹。

[36] 等威：与不同的身份、地位相应的威仪的等差。

[37] 攸：连词。乃。

[38] 流风：此指前代流传下来的好风气。　溺：淹没，陷于危难的境地。

[39] 积习：长期形成的习惯。

[40] 章身：此指绣有图案的礼服。每图为一章，天子十二章，群臣以九、七、五、三章按品级递降。

[41] 服贾（gǔ）：经商。

[42] 朱邸：此泛指豪贵的府第。　高明：高爽敞亮。

[43] 济济：整齐美好的样子。

[44] 归：终归，最后。

[45] 金貂玉鼠：此泛指珍贵的皮毛。

[46] 白狸青猪：猪，查无此字。疑为"猞"（shē），即猞猁，皮毛厚而软，是珍贵的毛皮。白狸青猞，泛指珍贵的皮毛。

[47] 寓目：过目，观看。

[48] 仆隶：奴仆。　细人：地位卑微的人。

[49] 楚楚：整齐端庄。

[50] 素履：素，白色无文彩；履，鞋。素履，朴实无华的

鞋。此泛指朴素无华的穿戴。

[51] 襆（fú）被：行李。 萧萧：简陋。

[52] 高风：高尚的风操。 足式：足以效法。

[53] 贻（yí）：留下，留给。 后嗣：后代，子孙。 廉隅：比喻端方的品行。

[54] 世德：先世的德行。

[55] 抚躬：反躬自问。 較：比较。

一、嫁 娶

伦莫重于婚姻，礼尤严于嫁娶。古人择配，惟卜家声[1]；今则不问门楣[2]，专求贵显。因之真假难究，亦且晤对不伦[3]。妇或反唇[4]，婿且抗色[5]，嫌滋妯娌[6]，衅启弟昆[7]。种种不祥，莫可殚述[8]。若既门户相当，原欲情文式协[9]，而女家未嫁之先，徒争贿币[10]；男家既娶之后，又责妆奁[11]。彼此相尤[12]，真可浩叹[13]！亦思古垂六礼[14]，文公家训[15]，合而为三，可知事贵适宜，何烦缛节[16]？但求允问名[17]，原无浮费[18]。而请期纳聘[19]，每有繁文。因与一二同志再三酌定[20]：如职居四民[21]，产仅百亩，聘金不过十二，绸缎亦止数端[22]，上之六十八十，量增亦可；下则十金八金，递减无妨。度力随分[23]，彼此俱安。而亲迎之顷[24]，舟车鼓乐，仪从执事[25]，一切从简，总勿徇时[26]。乃近来妇家，或于扶轮奠雁之外[27]，纵仆拦门、拉婿拜轿。此破落户之陋规，亦乡小人之鄙习。可骇可嗤[28]，亟宜痛戒。若夫女家嫁赠，贫富虽殊，而荆布可风[29]，总宜俭约。纵有厚资，不妨助以田产，资以生息，使为久远之谋，切勿多随臧获[30]，厚饰金珠，徒炫耀于目前，致萧条于日后。至于宗亲世胄[31]，丰俭自有尊裁，赠遗岂敢定限[32]？但求有典有则[33]，可法可传。则所裨于风俗固厚[34]，所贻于儿女亦多矣。不揣葑菲[35]，敢献刍荛[36]。

一、凶 丧

人生大事，唯有送死[37]。终天之痛在顷刻[38]，罔极之恨在千秋[39]。纤悉不周[40]，贻悔何及。故凡父母年逾五十，察其精力稍不如前，则寿器当密为准备[41]，脱或不讳[42]，哀恸固不待言。而附于棺附于身者[43]，尤当凡事检点。衣衾之属，务求完整，金珠之类，勿带分毫。周详无憾，然后盖棺。灰布宜密[44]，油漆须真。经久之计，莫切于此。棺既盖矣，循例成服[45]。男女有别，亲疏有序。哀痛哭泣，宁戚无文。成服之后[46]，始议开丧[47]，或三日，或五日，报知亲友，访确周详。但须素有往来，不可妄邀权贵。丧期既定[48]，亦勿多请陪客，徒滋浮费。止酌亲族数人[49]，轮流分派，孰主送迎，孰司馈馔。弔唁者，祭无牲牢、幛无绫缎[50]；款待者，飨无腥酒、送无犒程[51]。志在从先，何妨违俗。至于寝苫枕块[52]，禫祥之后[53]，似可从宽。歠粥除荤[54]，精力或衰亦宜稍酌。表彰功德，则述行状以垂志铭[55]。缅想音容，或侍几晏而庐坟墓[56]，总须核实，勿在狗文[57]。若世俗于殡殓之场诵经礼忏[58]，哀号之侧，鼓乐张晏，不惟悖礼，实为逆亲。凡有人心，所宜痛禁。而或者，借读礼之时[59]，纵翱翔于山水；假谢孝之迹[60]，辄干渎于交游[61]。有靦面目[62]，可不戒哉！

注释

［1］ 卜：选择。 家声：家庭世传的声名。

［2］ 门楣：门庭，门第。指家庭在社会上的等级地位等。

[3] 晤对：会面交谈。 不伦：不伦不类。此指没有共同语言。

[4] 反唇：心中不服而唇动。

[5] 抗色：指敢于冒犯尊长的尊颜。

[6] 嫌：怨尤。

[7] 衅：裂痕。 昆弟：兄弟。

[8] 殚（dān）述：详尽叙述。

[9] 情文：原为文论用语，指内容与形式。此指门弟及与之相称的风格。 式协：式，语助词。协，符合。式协，谐调一致。

[10] 徒：乃，竟然。 贿币：赠送的礼物。

[11] 责：求取，索取。

[12] 尤：怨，责备。

[13] 浩叹：深长的叹息。

[14] 垂：留传，流传。 六礼：古代在确立婚姻时的六种礼节，即纳采、问名、纳吉，纳徵、清期、亲迎。

[15] 文公：这里指北宋史学家司马光，曾著《温公家范》，清乾隆年刻本题《司马文正公家范》。

[16] 缛（rù）节：此指繁琐的礼仪。

[17] 问名：婚礼中的六礼之一，即男家修书托媒请问女子的名字及生辰八字，女家复书具告。

[18] 浮费：不必要的花费。

[19] 请期：婚礼中的六礼之一。男家行聘后，择定吉日，使媒告知女家（因形式上似由男家请示女家，故云“请期”）。 纳聘：即：“纳币”。男家送聘礼至女家，女家受聘复书，婚姻乃定。

[20] 同志：此指志趣相同的人。

[21] 四民：指士、农、工、商。《穀梁传》：“冬官，卿，

主国邦土，以居士、农、工、商四民。”

[22] 端：布帛长度名。二丈为一端，二端为一匹。也有的说六丈为一端。

[23] 度（duó）力：衡量自己的财力。 随分（fèn）：随便，随意。

[24] 亲迎（yìng）：婚礼中的六礼之一，即夫婿亲至女家迎新娘入室，行交拜合卺之礼。 顷（qǐng）：时，时候。

[25] 执事：仪仗。

[26] 徇时：随顺时俗。

[27] 扶轮奠雁：扶轮，新郎到女家迎亲，新娘登车，新郎在侧推进。奠雁，新郎到女家迎亲，献雁为贽礼。扶轮奠雁，古婚礼中的两种仪节。

[28] 哑：原文如此。查无此字。疑为“嗤（chī）”。 可骇可嗤：令人惊讶、可笑。

[29] 荆布：“荆钗布裙”的省文。意为服饰简陋寒素。 可风：可作为风范。

[30] 臧获：对奴婢的贱称。

[31] 宗亲世胄：贵族后裔。

[32] 赠遗（wèi）：赠送的财物。 定限：一定的量的限制。

[33] 典：制度、准则。

[34] 裨（bì）：补益。

[35] 葑（fēng）菲：葑，蔓菁。菲，葍（fú）。葑菲，二者均为普通菜蔬。此用为鄙陋之意的谦词。

[36] 刍荛（chú ráo）：刍，草；荛，柴草。刍荛，比喻粗陋的见解。

[37] 送死：送终，办理丧事。

[38] 终天：终身。此用于亲人死丧的不幸时刻。

[39] 罔极：无穷尽。后指父母恩德无穷。此指对于父母的无限哀思。

[40] 纤悉：此同“纤细”。细微。

[41] 寿器：棺材。此指生前预先做好的棺材。

[42] 脱或：倘若。　不讳：死亡的婉词。

[43] 附：随附，随着。此指随葬之物。

[44] 灰布：油漆打底的用料，如油灰等。

[45] 循例：依照前例。

[46] “宁戚”二句：宁，宁可；文，掩饰；成服，不同亲疏关系穿的不同的孝服。

[47] 开丧（sāng）：开吊。祭奠死者。

[48] 丧期：服丧的期限。

[49] 亲族：家属及同宗族的人。

[50] 牲牢：牛羊豕为牲，系养者曰牢。此泛指牲畜。　幛：此指吊唁者作为礼物的整幅布帛，题字或缀字于其上悬挂之。

[51] 飨（xiǎng）：此指晏宾的食品。　腥：荤腥。　犒程：犒赏与程仪。

[52] 寝苫枕块：居父母丧之礼。铺草苫枕土块。

[53] 禫（dàn）祥：禫祭、祥祭的合称。禫祭，除丧服之祭；祥祭，亲丧满十三个月或二十五个月的祭祀。

[54] 歠（chùo）：羹汤。

[55] 行状：履历，事迹。　志：通“识（誌）”。记事的文章。　铭：刻于碑或器物上的文辞。

[56] 几晏：犹几席。祭祀的席位。后亦称灵座为几晏。　庐：为守丧而构筑在墓旁的小屋。此用如动词，为结庐、居庐之意。

[57] 狥（xùn）文：曲从于文字。

[58] 礼忏：佛教语。意为礼拜佛菩萨，诵念经文，以忏悔罪恶。

[59] 读礼：居丧。因古人守丧时读有关丧礼的书，故常以读礼代指。

[60] 假：借。　谢孝：孝子家中人向弔唁者行礼。亦指丧服满期后去拜谢曾来弔唁过的亲友。

[61] 干渎：同"干黩"。冒犯。

[62] 有靦（tiǎn）面目：靦，惭愧；面目，颜面。有靦面目，在颜面上不好看。

一、安　葬

古者士庶之家[1]，逾月而葬；后世王公以下[2]，皆至三月，期何宽也？而惑于术家者[3]，妄求富贵，借前人已朽之骨殖，图后人未卜之显荣，愚已甚矣！又或造年月之利害[4]，判房分之吉凶[5]，长幼猜嫌[6]，牢不可解。代复一代，年又一年，甚有越数世而不获浅土者[7]。生者大厦高堂，死者颓垣败壁[8]，抚衷自问[9]，忍乎不忍？若谓风水可凭，宁迟无害，何以堪舆诸公高谈凿凿[10]，而询厥身家[11]，概都寒陋。且有跋涉一生，饿殍于道路者[12]，岂谋人工而谋己拙耶[13]？噫！亦可悟已。仆少时亦赏取地理诸书[14]，考究多年，若必如所云，龙穴砂水、左右印托、十全无碍、方成吉壤[15]，则数千百年以来，选择殆尽，岂复有留遗隙地[16]，以贻后人者乎？尝观大江以北，古茔累累，附葬者多或百计[17]，少亦数十。问其子孙，虽有贫寒，岂无富贵？原非一坟一塚，始称有吉而无凶也。故凡为子者，当知暴棺非孝[18]，入土为安，不必远求，但宜预访[19]。或邻近山川犹有遗穴，或祖宗坟墓，尚可附棺，随分量力[20]，择而取之。审其消纳[21]，定其向背[22]。砖宜坚而灰土宜厚，筑宜固而封树宜周[23]。勒碑附圹[24]，题主归祠[25]，宅兆既安[26]，庆莫大焉。若欲遍觅佳城、广求大地[27]，则汉秦遗寝[28]，草蔓烟荒；唐宋诸陵[29]，狐蹲兔伏。六朝之故塚安存？五季之新阡安在[30]？岂帝王之卜择，反逊能于士庶哉？至于朱母分迁于两地[31]，孔父合葬于一防[32]，取而较之，孰得孰失？虽先儒亦有不足从者矣。

注释

[1] 士庶：士人和普通百姓。此泛指人民、百姓。

[2] 王公：被封为王爵和公爵的人。此泛指达官贵人。

[3] 术家：本为擅长天文历算的学者。此特指操占验、卜阴阳等方术的人。

[4] 造：伪造，虚构。

[5] 判：区别，评定。　房分（fèn）：家族的分支。

[6] 长（zhǎng）幼：此指世系的先后或辈分的高低。

[7] 浅土：浅浅的土壤。此指简单地埋葬。

[8] 颓垣败壁：倒塌损坏的墙壁。形容荒凉破败的景象。此指死者没有得到妥善的安葬。

[9] 抚衷自问：指自我反省。

[10] 堪舆诸公：此指那些以相墓地看风水为业的人们。

[11] 询：查考。　厥（jué）：其，他的。　身家：本人和家庭。

[12] 饿殍（piǎo）：饿死（的人）。　道路：此指奔走、跋涉的路途之中。

[13] 谋人工而谋己拙：谋，谋划，出主意；工，巧；拙，笨。谋人工而谋己拙，为别人谋划工巧，而为自己谋划却笨拙了。

［14］ 地理：此指风水。

［15］ 龙穴砂水、左右印托、十全无碍：均为风水、术师用语。

［16］ 隙地：此指空闲的吉壤。

［17］ 附：通“附”。此指在古墓附近埋葬。

［18］ 暴（pù）棺：暴，暴露。暴棺，此指棺柩没有入土安葬。

［19］ 预访：预先访求。

［20］ 随分（fèn）：依据固有的形态。

［21］ 消纳：容纳。

［22］ 向背：切合与否。

［23］ 筑：填塞。此指墓穴的砖、灰等填充物。　封：封坟，增修坟墓。　周：紧密。

［24］ 勒碑：刻石立碑。

［25］ 题主：亦称“点主”。丧礼，人死后，立一木牌书其衔名。先用墨笔写作“×××之神王”，于出殡前请有名望者用朱笔在“王”字上加点成“主”字。

［26］ 宅兆：墓地。

［27］ 佳城：墓地。此指吉祥的墓地。　大地：广大的土地。此指吉祥的墓地。

［28］ 遗寝：寝庙。此指墓地。

［29］ 陵：坟墓，墓地。

［30］ 五季：后梁、后唐、后晋、后汉、后周五代。　阡：此指坟冢、坟墓。

［31］ 朱：此指朱子。即朱熹。

［32］ 孔：此指孔子。即孔丘。　防：春秋时鲁地名。《礼记·檀弓上》载，孔子“合葬于防”。

一、祭　祀

古人祭先[1]，士以三鼎[2]，大夫五鼎[3]，等威有辨[4]，非可僭也[5]。但牲牢物产[6]，南北异宜[7]，酌而用之。祭菜则羊豕鸡鱼之属，五品为常[8]；果物则枣栗桃圆之类[9]，八色为准[10]。随地随时，尽人可辨。第所商者[11]，古不祭墓，而近世春秋两祭，概在先茔，从之则失礼，违之则不情。斟酌其间，或于夏秋祭墓，冬夏祭祠。祭墓则遵时俗之通例，尊卑远近，合九族以共将[12]；祭祠则效考亭之成规[13]，高曾祖亲，分四代而同享。于理于情，庶两无碍。独是坟多族众，值祭维艰。轮流则贫者难支，纠分则吝者多却[14]。经久之法，莫如祭田[15]。但始焉难以创行，久之易以滋弊。今欲创行，务须尊显之人率先倡置[16]；余如入学而登科甲者[17]，因名位以酌捐；务农而业工商者，随赀产以量助[18]，或数十亩，或数亩，纵不拘例[19]，务尽厥心[20]。至于五十举子、七旬祝寿[21]，多寡均输[22]，惟力是视。积而充焉[23]，便可以奉祀之所余[24]，济孤寡而助婚丧，扩宗祠而立家塾[25]，不亦善乎？至欲革弊，则管理之人，必须公举[26]。富而有守、素行不欺者[27]，责令主之。经理三年[28]，聚众一算。如果无私[29]，不烦更换；或有可疑，再行公保[30]。遵而守之[31]，虽百世可无弊矣。

若夫诞辰忌日[32]，罔极情深[33]；喜事良辰，追先念切，祀我祖考，谁曰不宜！而邪说诬民者，造为七月望日[34]，地狱放归，扫室宇以送迎，附盂兰而超度[35]；诬其祖父[36]，惑厥愚氓[37]。司风化者，禁之可不严哉[38]！

康熙五十年辛卯五月[39]，海宁许汝霖谨订

注释

［1］ 先：先世，祖先。

［2］ 士：此指商、西周、春秋时最低级的贵族阶层。 以：用。 鼎：古器物。用于煮、盛物品，或置于宗庙作铭记功绩的礼器。

［3］ 大（dà）夫：古职官名。周代在国君之下有卿、大夫、士三等；各等中又分上、中、下三级。

［4］ 等威：与一定的身分、地位相应的威仪。 辨：不同，区别。

［5］ 僭（jiàn）：超越本分。在此犹言过分。

［6］ 牲牢：犹牲畜。三牲（牛、羊、猪）与六畜（马、牛、羊、鸡、犬、猪）的省称。此指祭祀用品。

［7］ 异宜：所宜各不相同。

［8］ 品：量词。菜肴五味称五品。 常：普通，平常。

［9］ 圆：此泛指圆而小的菓物。

［10］ 色：种，种类。

［11］ 第：表示转折的连词。只是。 商：商讨，研究。

［12］ 九族：以自己为本位，上至四世之高祖，下至四世之玄孙，合称九族。此泛指本族的一切人。 共将：共同施行。

［13］ 祭祠：祭祀。陈列祭品以供奉先祖。 考亭：即朱熹。因朱熹晚年居于福建建阳西南的望考亭附近，建沧州精舍，宋理宗为崇祀朱熹，赐名考亭书院，后世因从“考亭”称朱熹。

［14］ 纠分：聚合（众族人）分派（款项）。 却：推却，推辞。

［15］ 祭田：族有公田之一种，其收益用于祭祀所需。此指创置祭田，实行祭田制。

[16] 尊显：尊贵显达。 倡置：倡导置办。

[17] 入学：生徒或童生经考试录取后，入府、州、县学读书。 登科甲：即“登科”、“登科第”。科举考试中被录取。

[18] 赀产：赀通“资”。赀产，资产。

[19] 拘例：拘泥于旧例、前例、成例。

[20] 厥心：其心。

[21] 五十举子：五十岁时生育子女。 七旬祝寿：广祝七十岁生日。

[22] 均输：本为一种古算法，此指出资比率。

[23] 积：积久。经历很长的一段时间。 充：丰裕。此指有所积蓄。

[24] 可：可以。 以：用。

[25] 宗祠：即家庙。同宗族的人祭祀祖先的祠堂。 家塾：此指供本族子弟读书的私塾。

[26] 公举：（全族人）公众推举。

[27] 守：操守。 素：向来，从来。

[28] 经理：经营管理。

[29] 如：假如，如果。 果：确实。

[30] 公保：公众保举。

[31] 之：指上述“革弊”之原则。

[32] 若夫：至于。此用于段首，表示另提一事。 忌日：父母或其他亲属逝世的日子。

[33] 罔极：无穷尽。 情深：深情。

[34] 造：凭空虚构。 望日：旧历每月十五日。

[35] 盂兰：即“盂兰盆”。梵文 ullambana 的音译。意译为救倒悬。相传，目连从佛言，于中历七月十五日置百味五果，供养三宝，以解救其亡母于饿鬼道中所受

倒悬之苦。

[36] 诬：加之以不实之词。 祖父：祖父与父亲。此泛指亡故的先辈。

[37] 愚氓（méng）：愚昧之人，愚民。

[38] 司：掌管。 风化：风俗，教化。

[39] 康熙五十年辛卯：即公元1711年。这年的干支纪年为“辛卯”。

李氏家法[1]

［清］太平李氏

家法引

汉卓太傅谓其部民曰[2]：“律设大法，礼顺人情。吾今以礼治尔，尔必无怨恶；若以律治尔，一门之内，小者可论[3]，大者可杀也。”由是言之，治家固以情不以法乎？曰：是不然。情以宽君子，法以惩小人。苟无其法，则小人皆得暴戾恣睢以凌[4]。夫君子力不竞而势不敌，且将退避静默之地，以听小人之所为，世风尚可问乎？然则卓茂不言法，何也？曰：恕也。曰：今之人胡不恕？曰：可恕则恕，不可恕则必执法以绳之。且今一邑之治乱兆于官[5]，一乡之治乱兆于长，一家之治乱兆于主家之一人。其人贤，则寓情于法之中。法不苛而情不滥，弱者怀德，暴者畏刑，家之兴也，日可俟也。否则，纵子弟以乱法，则国法必至。国法至则非与家等矣。拘提褫魄[6]，敲楚断肌[7]，株连则罪及无辜，贿赂则破尽家产。于此始悔教诫之无人，致祸之迭生不已，晚乎。先人忧之，故拟定《家法》一篇，以示后人。犯者惩之，且能改者，恕焉，亦明刑弼教之意也[8]。《传》曰：“唯仁人放流之，屏诸四夷不与同中国。”此谓唯仁人能爱人、能恶人。有齐家之责者[9]，尚其鉴诸。

尽子道第一

天下无不爱子之父母。然或偏爱少子、私溺孽庶[10]，往往有之。为子者，当婉言讽劝，喻亲于有道。非仅以养生送死，为已尽为子之道矣。继母贤慈者少，如子能孝敬，或可化而为慈。即不然，亦当念父之分[11]，孝敬毋衰。盖母虽不慈，子不可不孝也。他如嫁母、出母[12]，义与庙绝，虽父故不可迎归奉养、返葬同穴。或寄奉衣食以厚其生，死则厚其葬，可也。如为大故而去，即不往来亦可。

笃友于第二[13]

兄弟，天伦也，如手足然，不可乖舛[14]。故《诗》有曰[15]：“岂无他人，不如我同父”。近世兄弟相牴牾[16]，其故有二：一在溺妻妾之私，以言语相谍[17]；一在较货财之入，以多寡相争，甚至兴讼不已，子孙且世为仇雠[18]，良可痛也。今通族务念同胞之谊，式好无尤[19]。不惑妇人之言，不听小人之谤，轻财重义。内既可以息争，外亦可以御侮。即或小儿戏嚷，各责其子，嫌疑立释，以成和协之风。家道日昌，可预卜矣。

宜室家第三

夫妇乃人道之始，万化之基也[20]。相敬如宾，岂容反目。虽夫为妻纲，固当从夫之命；然妻言有理，亦当从其劝谏。如妇人骄悍而挟制其夫[21]，牝鸡司晨[22]，惟家之索，当严戒之。戒之不从，有恶行，出之可也[23]。若娶妾，为生子计也，有子不得擅娶。若妻不容妾，其罪在妻，无子与妒均当去。宠妾凌妻，其罪在夫，当以失叙论罚[24]。妾若泼悍无状[25]，当废之[26]。

睦宗族第四

《汇苑》云："人有宗族[27]，然后长久。犹木水有本源，则亲睦尚焉。"后世浇薄成风[28]，视若秦越[29]。是不知子姓之众[30]，皆祖宗一脉所分也。顾一树千枝，总是一树；一源万派，总是一源。今日子孙当知本根之是庇，患难相顾，有无相济，缓急相通，尽其欢欣爱洽[31]。不察乎此，以同姓之亲而操入室之戈，是祖宗之罪人也。被害者果有明证，投之祠堂，或责或罚，毋得宽贷[32]。

立族长第五

我族向称三门老者，即族长也，在择仁义之人立之。仁爱则刻薄不生，而能成人之美；义断则姑息不争[33]，而无长人之奸[34]。倘族人有家务相争，投明族长，族长议论是非，从公处分，必合于天理，当于人心。轻则晓谕，重则责罚。财产为之分析，伦理为之整顿。如处分不服，然后共鸣之官府，以听讯断[35]。若有挟私受贿，故意武断者，众共非之。凡经理公事，进出各款，年终均宜结清。每逢正月二十日，凭合族绅耆同看[36]。三年后公举接办之人，不得私相接受。倘敢侵蚀，加倍议罚归公。如不遵议者，即作不孝论。

别男女第六

闺门整肃，风教乃行[37]。昔季康子与其从祖母隔阈而语[38]，孔子闻之，犹谓其男女有别。况齿与分相若[39]，如叔嫂之不相授受者乎。十五岁以上，纵卑幼不得擅入尊长房内，必尊长呼唤方入。仆从之人，必主公有命[40]，方许立门外听役。僧、道、医、卜、星、巫，倘因疾病延请[41]，止许中堂行事。手艺各色人皆然。彼拜认他人为父母姐妹，与自己受人之拜认，皆有为而为，甚于穿窬之盗也[42]，并宜禁止。亦不许妇人入寺观烧香[43]，违者责罚其夫。

严规则第七

周室向以八刑纠万民[44]。无良之徒，且不容于朝廷之远，况近在宗族。见闻已稔[45]，岂可姑宽乎。大凡家道中落，亦当于士、农、工、商，各治一业，以为身家之计。不得以游手好闲，恃痞讹索[46]，罔知羞耻。甚至为娼、优、隶、卒，玷辱祖宗。以前有犯之者，姑听其改过；以后有犯之者，黜之[47]，不准入祠入谱[48]。他如与人有仇隙，不求族长分别曲直，猥以吊死、入水死、吞烟死，以及倚老拼命，倾人之家，荡人之产，族长亦得辨其真伪、重轻情节，不得概以人命论。

注释

[1] 《李氏家法》：清代太平县李氏（生平事迹不详）于道光二十八年（公元 1849 年）订立。共十六条。内容多涉及封建宗法等级、禁绝伤风败俗行为，以教育

与法治相结合的手段教育子孙。其中不少方面在今天仍有积极意义，但少量鄙视妇女的内容，应为今日所摒弃的封建性糟粕。

[2] 卓太傅：即卓茂，字子康，后汉宛（今河南省南阳市）人。元帝时学于长安，事博士江翁，习法礼及历算，称为通儒。性宽仁慕爱。曾任密县（今属河南省）令，数年，教化大行，道不拾遗。及王莽居摄（因皇帝年幼由大臣代居其位），因病免。光武即位，为太傅，封褒德侯。

[3] 论：定罪。

[4] 暴戾恣睢（suī）：残暴凶狠，恣意横行。

[5] 兆：起始，发端。

[6] 拘提：出拘票传讯。 褫（shǐ）魄：夺去魂魄。

[7] 楚：古代刑杖。引申为拷打。

[8] 明刑弼教：语出《书·大禹谟》。谓以刑律晓谕民众，使大家都知法、畏法而守法，以辅助教化之所不及。

[9] 齐家：治家。

[10] 私溺：偏爱。 孽庶：即"孽子"。非正妻所生之子。

[11] 分（fèn）：情分。

[12] 嫁母：父亲亡故之后母亲改嫁称"嫁母"。 出母：被父亲休弃的生母。

[13] 友于：语出《书·君陈》。即兄弟友爱之义。

[14] 乖舛（chuǎn）：差异。

[15] 《诗》：《诗经》的简称。儒家经典之一。成书于春秋时代，共三百零五篇，分"风"、"雅"、"颂"三大类，为中国最早的诗歌总集。

[16] 牴牾（dǐ wǔ）：亦作"牴梧""牴牾"。抵触、矛盾。

[17] 谍：通"喋"。呶呶不休。

[18] 仇雠（chóu chóu）：仇人，冤家对头。

[19] 式好（hǎo）：语出《诗·小雅·斯干》。谓骨肉和好。 尤：责备，怪罪。

[20] 万化：万事万物。

[21] 骄悍：骄横凶悍。

[22] 牝鸡司晨：语本《书·牧誓》。牝，鸟兽的雌性。牝鸡司晨，母鸡报晓。旧时贬喻女性掌权，所谓阴阳倒置，将导致家破国亡。

[23] 出：遗弃，休弃。

[24] 失叙：亦作“失序”。次序混乱，失去常规。

[25] 泼悍：凶狠而不讲理。

[26] 废：废免，废弃。

[27] 宗族：谓同宗同族之人。

[28] 浇薄：指社会风气浮薄。

[29] 秦越：春秋时秦在西北，越居东南，相距极远。诗文中常并举以喻疏远隔膜，互不相关。

[30] 子姓：泛指子孙、后辈。

[31] 爱洽：友爱融洽。

[32] 宽贷：宽恕，赦免。

[33] 义断：秉公断事。

[34] 长（zhǎng）人：为人君长，指统治者。

[35] 讯断：审理判决。

[36] 绅耆（qí）：旧称地方上的绅士和年老有声望的人。

[37] 风教：风俗教化。

[38] 季康子：即季孙肥。春秋鲁国大夫。卒谥“康”。

[39] 齿与分（fèn）：年龄与位分。

[40] 主公：仆役对其主人的尊称。

[41] 延请：邀请，招请。

[42] 穿窬（yú）：亦作“穿踰”。挖墙洞和爬墙头。指偷窃行为。

[43] 寺观（guàn）：佛寺和道观。僧人所居曰寺，道人所居曰观。

[44] 周室：周王朝。姬姓。公元前11世纪武王灭商建周，都城镐京（今陕西省西安市），史称西周。公元前771年，犬戎攻破镐京，周幽王被杀，次年周平王东迁洛邑（今河南省洛阳市），史称东周。公元前256年为秦所灭。共历三十四王，八百多年。 八刑：周代对八种犯罪行为所施加的刑罚。一曰不孝之刑，二曰不睦之刑，三曰不姻之行，四曰不弟之刑，五曰不任之刑，六曰不恤之刑，七曰造言之刑，八曰乱民之刑。

[45] 稔（rěn）：熟悉，知道。

[46] 恃：依赖。 痞：恶棍，流氓无赖。 讹索：敲诈勒索。

[47] 黜（chù）：废黜，放逐。

[48] 祠（cí）：此指家祠。祖庙，宗祠。古代有官爵者方可建家庙，作为祭祀祖先的场所。上古叫宗庙，唐朝始创私庙，宋改为家庙。 谱：指家谱。封建家族记载本族世系和重要人物事迹的书。

谨茔墓第八[1]

夫茔墓乃祖宗体魄所藏，子孙命脉攸关，非眇小也。自惑于形家之说[2]，往往有贪求吉地，延至数十年不葬其亲者。即已葬之家，又或终岁不履其地，而风雨倾塌，狐鼠侵穴，犹然不知。

今后祖冢颓废者，宜垒砌之；遗失者，加培封界。祖茔罅内[3]，毋得钻穴盗葬。如有此事及盗卖风水与人者，均以不孝论。倘或恣斫荫木竹薪[4]，纵牲食践，均从重议罚。或异姓侵犯祖茔界址，彼此须协力鸣官惩治[5]。

供赋税第九

吾人安居粒食，享太平之福者，皆朝廷所赐也。古语有曰："治于人者食人，治人者食于人。"盖尺地莫非王土，一民莫非王臣。竭报效之忱，且有输恐后者。倘有奸猾鄙吝，昧奉上急公之义，拖欠不完；又或于他人应完之国课兜揽入手[6]，而设计侵欺，皆将不免公庭之辱也。亟宜于祠内责之，使知改过，不罹其罪[7]。如强项执梗[8]，不肯俯服，即送官究治。

惩忤逆第十[9]

罪莫大于不孝。如有子媳忤逆，初犯时，分长带入祠[10]，令跪祖宗神位前，轻则罚，重则责，使改过自新。若敢重犯，甚至有殴伤等情，分长验其属实，捆送入祠责杖。情重者，令其自尽。如凶狠不服，送官究办。倘或因后妻之言，妄加罪于子媳，本宗当原宥之[11]，不得概作不孝论。如果有不孝情事，无论嫡继[12]，一例治罪。

禁乱伦第十一

夫妇之分，尊于我者，犹我母也；卑于我者，犹我媳也。苟乱其伦，是人也而禽兽矣，男女均宜逐出，不准入祠入谱。至若孀妇坐幽室，登空床，以之死靡他自矢[13]，不悯之而污之，是败人之节也。闺女身如白璧，一有玷碍难于归，是败人之名也。败人名节均宜在祠内笞责。倘有横暴之徒，强奸妇女，笞责尤宜加重。如属同族，仍宜逐出，不准入祠入谱。

禁嫖荡第十二

男女之欲，人皆有之。然不知耻而苟合[14]，则近于禽兽矣。不但良家妇女不可其失食（身），即贱如娼家，亦不宜宿使。非以礼禁之，将交结淫朋；视田谷为泥沙，轻银钱如草莽，破家荡产，往往有之。况绝嗣之坟墓，无非好色狂徒；妓女之祖宗，尽是贪花浪子。其孽报尤可畏也。家长宜及早扑责锁禁，使之痛惩。

戒邪淫第十三

妇人主中馈，务纺绩，事针纫。不明乎此而好吃懒做、性嗜赌博、轻出游戏，不知羞耻。又或引三姑六婆入门[15]，如所称娼、优、道、尼、命相、齐婆、龟灵姑之类，均是淫盗之媒。凡红粉倚市、绿黛媚人，不顾父母之遗体，其由于己无操守者固多，其由于人有引诱者亦复不少。均宜戒之，敢违者罚。

禁赌博第十四

士、农、工、商，各勤其事。近有赌博之徒，荒废职业，如狂如梦，典衣罄产，皆所不顾。若不严禁，何以挽其颓风。自今新正前七日及亲朋往来[16]，姑弛其禁。日后凡摸牌及樗蒲局一切赌博[17]，概不准开，敢违者罚。

禁盗窃第十五

贼盗乃王法所不宥。宗族中如有人劫掳人家、图财害命，及为票匪者[18]，族长即令自尽。若盗猪牛鸡鸭、鱼菜竹木、五谷等物，族长责罚示警。其义男犯者，罚其主。若家人私取外人财物，主人即送财物给还失主，仍重责家人以谢罪，不得徇私庇护。

禁诈伪第十六

忠信，传家之本。尝有诈伪之徒，或谤言败人之德行，或冷言启人之争端，或假手他人而报复私仇，或阳为公道而阴受贿赂。以口舌则密饴，以踪迹则鬼蜮，以心腹则蛇蝎。究其罪，与奸盗同科。律有明条，犯者宜斥之逐之。

附：削不入谱[19]

子孙不孝不弟，渎伦伤化，作奸犯科，及娼优仆隶、寡廉鲜耻、有玷祖宗清白者，概削之。若无知偶犯，一经惩责即改过自新者，故从宽宥，以励将来。

妇丧夫再嫁者、同姓为婚者、同族乱配者，概削之。更有大故被出者，亦削之。若不当出而出，而后其子迎归者，公议准其入祠，谱亦照登。

注释

[1] 茔墓：墓地，坟墓。

[2] 形家：旧时以相度地形吉凶为人选择宅基、墓地为业的人。也称堪舆家。

[3] 罅（xià）：裂，开裂。

[4] 斫（zhuó）：本义为大锄。引申为砍、斩。

[5] 鸣官：告官，向官府控告。

[6] 国课：即国赋。国家规定的赋税。

[7] 罹（lí）：遭受。

[8] 强项：犹“强横”。强硬蛮横。

[9] 忤（wǔ）逆：不孝顺。

[10] 分长（fèn zhǎng）：名分高、辈分长的人。

[11] 原宥（yòu）：谅情赦罪。

[12] 嫡继：正妻、继室。

[13] 自矢：自誓。

[14] 苟合：指男女间不正当的结合。

[15] 三姑六婆：三姑指尼姑、道姑、卦姑；六婆指牙婆、媒婆、师婆、虔婆、药婆、稳婆。

[16] 新正（zhēng）：农历新年正月。

[17] 樗（chū）蒲：古代一种博戏，后世亦以指赌博。

[18] 票匪：旧时绑架人勒索钱财的匪徒。

[19] 削：逐出家门。

鲍氏户规[1]

[清]麻城鲍氏

一、子孙盗卖祖遗祀产及亏空公款者，免祀[2]，逐出族外。

一、祖宗丘墓、祠宇[3]，无故毁坏者，免祀，杖一百。

一、子孙违犯祖父母、父母教令，及奉养有缺者，杖一百；不敬不弟者减等。

一、乞养异姓以乱宗族者[4]，立嗣虽系同宗而尊卑失序者，杖六十。

一、承祧止准承祧三房[5]，不得承祧四房，抚子亦不得强抚，违者公罚。

一、乞养异姓义子意图资财、冒认归宗者，逐出族外。

一、纵容妻妾骂祖父母、父母者，其夫及妻妾送官治罪。

一、兄亡收嫂、弟亡收弟媳者[6]，免祀，送官治罪。

一、养同宗人为子，所生父母无子，不鸣公、公议而抢出者，杖九十。

一、娶同宗无服之亲及无服亲之妻妾者[7]，杖一百，免祀。

一、毁人神主及墓碑、坟墓树木者，杖九十。

一、逐婿嫁女，或再招婿及一女两聘者，或定婚已纳币而辄废者，若无实据，无论男家女家，杖一百。

一、族人在外诈称户、房与族中正人言语命令，诱骗财物，并与人争论行凶者，送官治罪。

一、妇人夫亡愿守志，而强逼改嫁，无论受财、未受财者，杖二百，免祀。

一、女孀居自愿改嫁[8]，而其翁姑服亲主婚守财，而母家强抢者，杖八十。

一、有服亲及同宗人妻妾被出，及已改嫁而娶为妻妾者，杖八十。

一、妻无出及无义绝之状而出之者，妻妾背夫在逃因而改嫁者，杖八十。

一、女废盟另许[9]，男家不告官而强抢者，杖三十。

一、略卖子女为人仆、妾与奴婢者[10]，杖八十，子女令其赎回。

一、妇女肆行无忌而乱骂人者，及无故骂人者，笞四十[11]。

一、纵容妇女图赖[12]，并将死尸图赖者，杖一百。

一、将妻妾妄作姊妹嫁人者，杖一百，免祀。

一、强夺良家妻女奸占为妻妾[13]，或配与子、孙、弟、侄、家人者，送官治罪。

一、以私债强夺人妻妾、子女，因而奸占者，送官治罪。

一、盗窃、掏摸，计物之多寡，照律治罪；以迷药得财者，送官治罪。

一、宰杀耕牛、窝藏匪类者，杖一百，免祀。

一、诱拐妇女转卖，无论受财者未受财者，送官治罪。

一、窃盗再犯，计赃应杖者，免祀。

一、聚众伙谋抢夺路行妇女财物者，送官治罪。

一、恶棍设法索诈平民者，笞四十。

一、素行不端，游手好闲，赌博财物，开设赌坊，教而不改者，杖八十，免祀。

一、盗窃他人谷麦、棉花、柴草、杂粮等项者，男杖八十，女笞七十。

一、父兄不能禁约子弟为盗者[14]，与老贼往来熟识者，杖一百。

一、父兄不能禁约子弟窝盗者，杖一百。

一、游手好闲之流演弄拳棒，教人投师学习者，杖一百。

一、好斗凶徒见人斗殴，辄约伙寻衅，将人殴伤、殴毙者，送官治罪。如有此事，服亲不得放其逃走，若有逃走者，惟服亲是问。

一、子弟犯罪而父兄代认，或隐匿者，杖一百，免祀。

一、与异姓人歃血盟誓、焚香结拜兄弟者[15]，送官治罪。

一、服尽尊长以他物欧卑幼成伤者[16]，杖二十。

一、期亲以下尊长、兄姊殴卑幼之妇与弟之妻[17]，及妻殴夫弟之妻成伤者，与外人斗殴不成伤者，笞二十。

一、服尽卑幼以手足殴尊长不成伤者，笞三十。

一、强占、盗卖田宅、金银者，送官治罪。

一、假以建言为由[18]，污人名节、报复私仇者，挟仇诬告人者，杖一百。

一、故放牛马羊豕害人者[19]，笞二十。

一、山前山后各有禁限，盗砍树木者，杖二百。

一、遇事胡言乱道、扯东划西、拗公不出者，免祀。

一、因犯法免祀而与族人故闹者，送官治罪。

一、以上未列而有犯故者，照律治罪。

（计四十八条）

注释

［1］《鲍氏户规》：清代湖北麻城人鲍氏（生平事迹不详）于宣统三年（公元 1911 年）订立。共四十八条。内容涉及社会公德、社会秩序、封建纲常、经济生产等方面的内容，其中不少对当今仍有积极意义。

［2］免祀：不许参加祭祀活动。这里指不再承认是本族

子孙。

[3] 丘墓：坟墓。 祠宇：祠堂，神庙。

[4] 乞养：收养，过继。

[5] 承祧（tiāo）：承继为后嗣。 房：宗族的分支。

[6] 收：占有，占据。

[7] 无服：古丧制指五服之外无服丧关系称“无服”。

[8] 孀居：守寡。

[9] 废盟：此指解除婚约。 许：指女子许配人家。

[10] 略卖：劫掠贩卖。

[11] 笞：用鞭、杖或竹板打人。

[12] 图赖：诬赖，讹诈。

[13] 奸占：非法占人妻女。

[14] 禁约：禁止约束、管束。

[15] 歃（shà）血：古代盟会中的一种仪式。盟约宣读后，参加者用口微吸所杀牲之血，以示诚意。一说，以手指蘸血，涂于口旁。

[16] 服尽：指五服之外无服丧关系者。

[17] 期（jī）亲：服丧一年的亲属。

[18] 建言：犹建白。谓对国事有所建议及陈述。此指遇事敢于发表意见。

[19] 豕（shǐ）：猪。

义庄条约

[明]陈龙正[1]

序

自范希文设义庄[2]，后世慕义者多效之。然希文意存至公，惜规矩稍阔，后人慕效，遂杂行以利心[3]。即如读书，岂非佳事？然养赡同宗，专以周急[4]。若不读书者，虽急寡助；读书营举业[5]，虽温饱，犹厚与之，不过谓举业可博科弟、大门闾[6]；非如业农，仅守庐舍，难光宗族耳。是为义耶？利耶？恤之耶？觊之耶？又义之为称较自私家室者而言，若通计物我，则周恤同宗[7]，固犹一姓之私惠，非万物共沾之理也，乃往往求免徭役，惠一姓而累众人。又为利乎？义乎？予故体先人意[8]，设则十六条，非独使子孙免于利心，亦使后世真效希文者，不为非义之义。

条约

继志设义庄，主人龙正谨约通族尊长卑幼知悉。先公存日[9]，念亲支之穷[10]，皆始祖悦民府君一体[11]；远支虽无谱墓可据[12]，相传同姓，其来亦久。每云欲设义田若干，自周给亲支之余，还支困乏者，遇事量给，以昭勿绝[13]。奈起家草茅，性恬行洁，居官三十年，禄俸之外，无他受。虽先慈菜羹、布衣佐以纺织[14]，而居宇终不及葺焉[15]。迨复总闽宪庶[16]，归老田间，卒就斯志。俄先新命以殁，隐隐负恻也。龙正荷蒙微业，安忍自私？谨遵遗言，条则如左[17]。

一、义田五顷，邑例十年之内，应佥粮长二名[18]。今欲同民户充应，恐贻累子孙，隳陨先志[19]，欲援官户优免[20]。则近惠族人，洒役通邑，义亦非安？谨按赋役全书，本县每年乡饮酒礼二次，共征银一十五两，迎春银四两，门神桃符银二两五钱，议于义田子粒中，每年粜银二十两五钱，纳官充此三项公用拟俟。崇祯辛巳[21]，大造黄册[22]，年分具呈，转恳申详通邑田地，每亩算该豁除折银三丝三忽，零特开陈义庄一款[23]，载列起征徭帖十年之中纳银二百零五两，足当粮长二名之费，而通邑业户[24]，其十年完纳之数，亦减纤微，因是洒役，庶可无憾[25]。

一、义租五百石[26]，除每年办粮约用米二百三十石，纳免役银约用三十石，祭扫燕飨约用二十石[27]，饶免租户限米约十余石，给管庄人户饭米五石，净余约二百石。通族举事有繁简，岁收有丰歉。凡有余剩，每年正月暇日，主人于义祠中请亲支贤明者公同销算。存留若干，一遇凶荒，尽行加散。

一、横泾桥香和庵共二茔，每年清明拜扫义祠，以仲秋致祭供办祭仪并宴亲支，共留米二十石，数中倘有余羡[28]，回陈换新，每石加息一斗五升，收存仓中，以备修葺祠堂、坟屋并远归会叙之费。

一、亲支凡年七十以上，四季各奉米六斗、肉二十觔[29]；八十以上，冬月加棉衣一件[30]，尊高年也。不问本人贫富，礼宜均视[31]。或年未及而挛、痿、瞽目者[32]，季各给米二石。凡此给送管庄人，出刻就小票，付本主亲填某项事宜及年月米数，以凭季终缴算。

一、男子聘娶，各助米五石。再娶，井助米五石。初聘须于半月前开报[33]：某子某，今年几岁，凭媒某人议于某月某日，聘某氏女。临娶，亦预报婚期，以凭关给[34]。嫁女者，助米五石。再嫁，不助。

一、凡遇丧事，助买棺米二石，买麻、白布一石。男女未婚嫁而殇者，半之。繈褓，量给一石。办木以埋[35]，勿令重惨水火。举殡前一月，助买地米二石，使就居址所近，随便营葬，世得拜扫，勿令投弃义冢[36]，久难辨论。临葬助营圹三石。倘有迁延，后期或付烈焰[37]，或仍委之漏泽者[38]，残亲肥己，告于祠而摈之，后不复助。

注释

[1] 陈龙正：明代嘉善（今浙江省嘉善县）人。字惕尤，号几亭。崇祯进士。官中书舍人、南京国子监丞。著有《救荒会策》等。

[2] 范希文：即范仲淹（字希文）。　义庄：旧时族中所置的赡济族人的田产。

[3] 利心：追求私利之心。

[4] 周急：周济困急。

[5] 举业：又称举子业。专为应科举考试的学业。

[6] 大：光大。　门闾：门庭。

[7] 周恤：周济，接济。

[8] 体：根据。　先人：前人。

[9] 先公：亡父。

[10] 亲支：亲族中的支裔。

[11] 悦民：指陈悦民。本文作者陈龙正始祖。　府君：旧时对已故者的敬称。

[12] 远支：亲族关系较为疏远的支派。

[13] 昭：帮助。

[14] 先慈：亡母。

［15］ 居宇：住宅。

［16］ 迨（dài）：等到。　总：统领，总管。　闽：福建省的简称。本文作者陈龙正之父曾在此任按察使（一省的司法长官）。　宪庶：此指受朝廷委派掌管一省的司法工作。

［17］ 左：即以下诸条。古时书写由右往左，故称。

［18］ 佥：征集。　粮长：征收、解运所在粮区田粮的人。

［19］ 隳（huī）：毁坏，废弃。　先志：亡父的遗志。

［20］ 官户：官员的家属及后裔。　优免：豁免租赋。

［21］ 崇祯：明思宗年号，公元1628—1644年。　辛巳：指崇祯十四年，即公元1641年。

［22］ 黄册：明清时为征派赋役而编制的户口册。

［23］ 零：通“另”。

［24］ 业户：不动产的所有者。

［25］ 庶：或许。

［26］ 义租：义庄田地所征收的租粮。

［27］ 燕飨：亦作“燕享”。以酒食祭神。

［28］ 余羡：盈余。

［29］ 觔（jīn）：同“斤”。重量单位。

［30］ 冬月：冬天。

［31］ 均视：一视同仁。

［32］ 挛：手脚不能伸开。　痿：肢体萎缩。　瞽（gǔ）目：瞎眼。

［33］ 开报：开列呈报。

［34］ 关给（jǐ）：发放或领取。

［35］ 木：指棺木。

［36］ 义冢：收埋无主尸骸或贫穷无地者的墓地。

［37］ 付烈焰：指火葬。

[38] 漏泽者：指葬于义冢者。

一、产妇临分娩时，于掌管人处报请白米一石，助其调养。如有抱养他姓诡报冒支者，覈出停助三年[1]。

一、义学岁延塾师一人[2]，脩馈各十石[3]，不问米价低昂，悉用本色[4]，不许管人折送价银。子弟七岁以上，稍俊慧愿入学者，父母率谒义祠，以名闻居近给米四石，听其自炊；远者，于义学中供养，逐月火头报数[5]。十四岁以上，通举业堪面试，岁给十石，听从明师，至二十岁止。或有颖卓可期大就者[6]，又当超格优遇。

一、亲支家业颇优者，自然知足尚廉，不妄附于周急之列；其衣食粗足者，须痼疾、婚丧、生产、入学事宜[7]，方许照例支请。夫既称义庄，岂有吝心，何必斤斤较量节制。但念米少人多，若使温饱并叨[8]，反致饥寒难济，所以不得不行分别。惟贫极不能自支者，查审委非游荡败家，计男妇一口[9]，每年给米二石，六十以上，倍之。盖年力方壮之人，虽乏资本，亦须勤谋生计。若概给，全年安坐而食丰，反滋其惰。故止半给，使苦于不足，庶肯服劳。

一、亲支无后者，不论贫富，必与立嗣[10]。有田产及女者，半给赘婿，半留嗣子[11]。如亲无可继之人，公议于远房择而嗣之。远房又无可继，先变产价，置买棺椁葬地，余田方入义庄公用。每岁清明前一日，守祠人备三牲、酒饭、烛帛[12]，往扫其墓。馂余即给守祠人[13]。每墓约费米三斗，开义租内销算。孤魂一生勤积惠遗后人，令无祀而有祀，以明报也。贫无产者亦如之，又不以报论。

一、孝子节妇，公访真确，小则丰其供馈，以励宗支；大则呈之官府，以裨风教[14]。非常之人，应享非常之奉，随时制宜，难限以数。

一、宗族传习不齐[15]，耕读之外，工商经纪，悉从便业[16]。惟禁五条：（一）不许倚势诈人，武断乡曲[17]；（二）不许刁唆词讼[18]，惯作中保[19]；（三）不许买充衙门员役，作奸犯科[20]；（四）不许出家为道士、僧尼，灭绝伦理[21]；（五）不许鬻身为仆[22]，辱及祖先。犯者不给条约，以仲秋祭祠日，会本人亲房同告于先灵而削其名[23]。惟幼时为父母所鬻，非本人之罪，给米代赎其身[24]。稍知自爱，仍与入谱。其前项过恶有能痛自惩创者，本人亲房及族长会同保结[25]，补给条约、册尾，本名之下仍注量关，一年查果改行[26]，一体永助。至有不孝不义，如殴骂尊长、渎伦、鼠行[27]，此三者，天下大恶奇丑，改悔无门，即于闻知之日，会同族众，削去谱名，永不复入。其或不率教训，罪未及追取条约，又不可置之不问者，姑罚除应给事项，自一石至十石，量犯轻重，以为等差[28]。又有因婚丧事宜关领额米[29]，却为赌博、烟花浪费者[30]，以后凡遇应给事宜，并减半终其身。

一、义田本赡亲支，然亲支不得承种[31]，恐他日有擅行侵扣者，纵则非义，惩则伤恩，谨之于初，可以无弊。如有自恃分尊，或诡借他人出名阴行承种者[32]，斥告于祠，仍三年不助，使知创悔。

注释

［1］ 覈（hé）：查验，核实。

［2］ 义学：由义田出资办的学校。 延：聘请。

［3］ 脩：致送教师的薪金。 馈：赠送教师的礼品。

［4］ 本色：指原定征收来的实物。 田赋：此指义庄收存的粮米。

［5］ 火头：指在义学掌炊的人。

［6］ 颖卓：指才智超群。

［7］ 生产：生孩子。

[8] 叨：过分，滥。

[9] 男妇：男与女。

[10] 立嗣：无子而以同宗之子承继。

[11] 嗣子：无子者以近支兄弟或他人之子为后嗣，称之为嗣子。

[12] 三牲：猪、鱼、鸡。

[13] 馂（jùn）余：祭死者后的食物。

[14] 风教：风俗教化。

[15] 传习：传授与学习。

[16] 便业：合适的活计。

[17] 乡曲：乡里。

[18] 刁唆：教唆。

[19] 中保：居中作保的人。

[20] 犯科：触犯法律条文。

[21] 伦理：人与人相处的道德准则。

[22] 鬻（yù）：卖。

[23] 先灵：祖先的神灵。

[24] 赎（shú）身：用钱物或其他代价换得人身自由。

[25] 保结：旧时写给官府担保他人身分、行为清白或符合某一商定条款的文书。此指赎身后不再重犯以往过失的担保人。

[26] 改行（xíng）：改变行为。

[27] 渎伦：乱伦。

[28] 等差：等级差别。

[29] 关领：领取。

[30] 烟花：指嫖妓。

[31] 承种：此指耕种义田。

[32] 阴行（xíng）：暗中进行。

一、族谱十年一修，有爵者主之[1]。爵同，论长家居之[2]。且每岁暇时，一宴亲支于义祠。如数贵同时，即共为东主。人众则分二席或三席，先尊长后卑幼。启用单幅[3]，肴限八簋[4]，勿涉奢端。礼意须和，有叫呼骂坐者，次会不启。其远交举否[5]，随宜。

一、远支，惟极贫无大过恶者，遇事量助。其一切立继等事不必与闻。事多难周，反滋藤蔓[6]。昔范文正初设腴田千亩[7]，观其规制[8]，助数从优，今苗裔世世遵行[9]，迨六百年。田亦加扩，而贫宗所受，每人一岁仅四斗五升。盖传逾久，则人益众，贫者亦益多；欲不从薄，不可得也。然文正所赡，皆谱系分明。故虽益久益分，总归同体。若我族，远支本无统系可稽，特因亲支人少，姑以其余及之。倘数世后，亲支应助者以百计，则每人一岁止得石许，欲复及远支，势亦不可得此。时子孙主义庄者，径自从宜裁去，不必远虑迟回[10]。况远支至尔时，亦且益繁益杂，名分称谓，难以悉查。顷天启四年[11]，有平湖恶少顾良夤[12]，缘介绍突如其来[13]，自称叔辈，求索无忌。因生平突不闻识，置之不顾，大肆披猖而去[14]；至烦通族呈鸣，始正其罪。近犹如此，况异世乎？至于亲支，虽千年万指[15]，皆我始祖悦民翁之一气[16]，宁薄勿偏，毋厚而遗。此廉宪公平昔遗旨，子孙当分别体之[17]。预立斯条，以示通变。于未穷之义，故扁会食之堂曰“亲亲”[18]。

一、义田查照区圩坵段[19]，并画图形附刻于遗则之后[20]，子孙不许买卖，乡邻不得侵欺。访得平湖陆府义庄，每发甲科[21]，捐田顷，乡科半顷。此在世族则可[22]，吾家寒素者众，例难概行。今拟通族子孙凡登甲科须五年后始捐，少不下半顷，多不过一顷。好善乐施，非所拘限。举贡宦成[23]，随产量捐，方视甲科[24]，或全或半。隐居耕牧，有鸱夷伏波之旷识宏量[25]，能生能散，一听其所为。初捐之年，且存本户办粮，待至大造[26]，具呈增入义庄，照例完纳，并将圩堘图形增改重刻。但吾家世居，胥五祖宗坟墓萃焉[27]，通族烟火列焉[28]，续设义田勿出本区之外。依近先茔，管领均便。

以上十六条，悉遵先公遗意，设义田者养之也，不肖则不得与，于养者教之也。寓教于养[29]，使举族向义，无一匪人[30]，是先公之深意也，所以为义也。

注释

[1] 爵（jué）：爵位，官位。 主：主持，掌管。

[2] 论（lún）：通“抡”。选择。 長（zhǎng）家：一家之长。

[3] 启：公文、奏疏、书函的泛指。此指请柬。 单幅：全部内容集于一页的（请柬）。

[4] 簋（guǐ）：盛食物的器皿。

[5] 举：通“与”。参与，参加。

[6] 藤蔓：枝节。

[7] 范文正：即范仲淹。

[8] 规制：规模制式。

[9] 苗裔：后代子孙。

[10] 迟回：迟疑，犹豫。

[11] 顷：不久的过去。 天启四年：天启，明熹宗朱由校的年号（公元1621—1627年）。天启四年，即公元1624年。

[12] 平湖：县名。明代由海盐县析置。在今浙江省嘉兴市东。

[13] 缘：凭借。

[14] 披猖：失意，狼狈。

[15] 千年万指：极言时间久远。

[16] 一气：一脉相承。一个血统相续流传下来。

[17] 体：取法，效法。

[18] 故扁会食之堂：扁，在门户上题字；会食，相聚进食。故扁会食之堂，因此在相聚进食的场所题字。
亲亲：亲其所当亲。语出《礼·中庸》："仁者人也，亲亲为大。"

[19] 查明：核查。　圩（wéi）：低洼地区防水护田的堤。
坵：同"丘"。田垄。

[20] 遗则：前代留传下来的法则。

[21] 发：此指科举考试应试中选。　甲科：宋代进士分甲乙科。此指高中甲科进士。

[22] 世族：原称先世有功之官族。后泛称世家大族为世族。

[23] 宦成：指登上显贵之位。

[24] 视：比照。

[25] 鸱夷伏波：鸱夷，春秋时越国范蠡之号。据《史记·越王勾践世家》："范蠡浮海出齐，变姓名，自谓鸱夷子皮，耕于海畔，苦心戮力，父子治产。"伏波，泛舟江湖。据《汉书·货殖传》："（范蠡）乃乘扁舟，浮江湖，变姓名，适齐为鸱夷子皮。"鸱夷伏波，立有大功而主动归隐。

[26] 大造：大功劳。

[27] 胥：语气助词。　萃：聚集。

[28] 烟火：后嗣。

[29] 寓教于养：指给子孙后代提供一定的养育条件，其中包含着教化的成分。

[30] 匪（fěi）人：认为不端正的人。

不悭贻后[1]

人性不悭，必不至大富；不贻子孙的大富，则不生侈心；不侈则又不至大贫。是贻子孙的善守者[2]，不悭乃其本也。祖父累之如锱铢[3]，子孙费之必如泥沙。子孙痴根，还从祖父愚性生下。

遇大事能散财

古者，产属王朝，无生可治。士亦不治生[4]，朝夕稻粱置之若遗，况储财及后？故孔子居官则器服备具；失职则疏食[5]，或绝后世。如诸葛武侯[6]，亦有桑田以给子孙。宋室官俸优渥[7]，而温公犹于初命士[8]，皆首问其世业[9]，以为无衣食忧则居职易廉，故以业遗子孙而守之。后世之势，亦后世之礼矣。致之有义利，守之有本末耳。先公廉俭，所遗与武侯死日无负之语，不愧吾辈遭逢知己，有如温公将嘉我先公，贻谋得中[10]，有养廉之资[11]。子孙如有殖货无厌者[12]，则先公所恶也。勤俭则岁积有余，积久渐多。宜遇大事能散，然后非治生俗子。昔范蠡，伯者之佐[13]，智术之士，犹能屡积屡散；马将军亦未闻道，不甘为守钱虏财者。氓庶所最重[14]，士君子所易轻。若于此粗浅关头，尚多系恋[15]，种种嗜欲安望消除？虽正衣冠、谈仁义，不比于人数矣[16]。

不乘凶荒之利

脩曰[17]：太平不享豪华，乱商可免兵革。此一理也。又须不乘凶荒之利，方可度兵火之运。只如粜米一事，近年米贵，每至两外[18]，富者皆安丝粜价。此虽无利人死亡之心[19]；丝实乘众之急、而我享其赢[20]，不脱寻常之态也。人家至举世乱离，独得晏丝，是极不寻常之福运，岂累代寻常之人所可致哉！豪华者，世俗认为享太平之乐，而我不肯享；贵卖者，世俗相与行乱离之事，而我未尝行，则虽当乱离之世，其家应长有太平气象。翁大善其言[21]，因曰：每岁于青黄不接之际，出米数百，减价十之二、三，以济饥贫，所得价值使只与康年相似。所捐虽少，丝幸灾乐祸之意消除略尽。人家累世能然，真可谓脱寻常矣。但行之须用精力：逐日躬亲点视，零星升斗粜出，务令沾及贫民。不然，恐家僮掌出入者[22]，破冒其间[23]；又有市井狡猾[24]，易名变服，绵绵籴取，携至肆中，仍作己物，高得实价。犯此二弊，则皆徒利奸狡，而无济困穷。故行仁者必以智。

注释

[1] 悭（qiān）：悭吝。吝啬。 贻（yí）：遗留。 后：后代。

[2] 善守：善于守成。

[3] 锱铢：极小的重量单位。此意为一点一滴的积累。

[4] 治生：经营家业。

[5] 失职：失去职权。

[6] 诸葛武侯：即诸葛亮。

[7] 宋室：宋朝，宋代。 优渥（wò）：优厚，丰厚。

[8] 温公：即司马光。 命士：此指指派官员任具体职务。

[9] 世业：此指祖先所遗留的产业。

[10] 贻谋：指父祖对子孙的训诲。

[11] 养廉：培养并保持廉洁的美德。

［12］ 殖货：增殖财货，聚敛财富。

［13］ 伯（bà）：同“霸”。称霸。

［14］ 氓庶：百姓。

［15］ 系恋：牵挂依恋。

［16］ 人数（shù）：众人。

［17］ 脩：贤德之人，贤人。

［18］ 两外：（价格在）白银一两开外。

［19］ 利：喜爱，喜欢，高兴。

［20］ 赢：（经商获得的）利益。

［21］ 翁大善其言：翁，父亲。翁大善其言，父亲认为他（脩，即贤人）的话很对。

［22］ 家僮：奴仆的统称。

［23］ 破冒：虚报冒领。

［24］ 狡猾：此指狡猾之徒。诡诈刁钻的人。

爱惜之误为暴殄[1]

“爱惜”“暴殄”本是两意，愚者有时合成一病。如饮食剩余，宜趁鲜香之时分给于下；敝衣故履，未至无用，宜散与仆从或贫寒之人。每见妇人悭吝爱惜：将余食珍藏，夏不过一日，冬不过十日，皆腐败矣；衣履破敝，欲藏之箧笥则不必[2]，欲与人则不能，堆阁闲处听其朽烂。使人不得受其养，物不得伸其用。是，皆以爱惜为暴殄者也。时时当讲解而提醒之，使晓此理，自无此失。

馆 规

良朋至戚同堂共学，君子乐之。然不谈不亲，不方不久[3]，日间接见笑语，各有常度。午前气清，观书索理[4]；午后神倦，静以息之；薄暮与阴俱敛，简点一日所为。凡此，三时并不宜剧谈多笑，泄越神气，招尤致疾，有捐无益。惟中饭甫毕，此时饮食在中，浊气薰于上，颇宜动荡手足，发舒言语，使宣通而不滞。知己相对，随意疏散，可以发明义理，条畅血脉[5]，浃洽情意[6]，不亦善乎！自治所以治人，全交乃在好学[7]。芝兰之士[8]，易远难亲[9]；怀安习非[10]，则正人望而却之。所宜切戒。

惠 蒙

人自十五、六以下，志识未定[11]，记性偏清[12]。一善言入耳，终身不忘；一邪言入耳，亦时时动念。先入为主，年少其尤。是以长愿亲朋惠我子弟：勿述市井之事，尤戒媟秽之谈[13]；或称圣贤高踪，或陈古今治迹。切无为孝弟忠信[14]，汎不过山水图书。倘遇事情兼备法戒[15]，则请详于所是，略于所非。或节其委而弗周[16]，或微其词而弗露[17]。使夫成人会意，小子忘情[18]。既有益于人，亦自养厥德[19]。

子弟避恶客

“故”者无失其为“故”[20]，圣人之厚道。吾辈亲朋，诚有难谢绝者。但其开口淫秽，或汎滥市井，何可令幼稚见闻？与其得先入之言而复洗濯之，不如无入之为愈也[21]。凡遇此恶客在座，子弟自十五、六以下，权词令之回避[22]。

勿竟客言[23]

听人语言，务令毼遂[24]，勿遏以己见[25]，勿挠以他端[26]。惟谈及市井淫媟者，则宜引古人嘉言、或举目前正事以阻绝之，勿令得竟其说。庶几养童蒙于至正[27]，匡客过于未终[28]。盖仓猝之间，子弟不及避，偶行此，权以当塞违之道。或曰："择人而交，不亦善乎？使此辈得至子弟之前，禁其末流，晚矣。"曰："固也。世衰道微，虽世俗称雅客良朋，未免有不择言之病。必欲疵俱绝，则交道穷矣。择交为主，恶言已稀；雅人心悟微权[29]，口过亦当渐化[30]。"

童蒙贵少见闻

耳目富不如心绪清。养童蒙者，但使一切玩好游戏绝于见闻。其为无益之益，当无穷也。多见人，多听议论，恐益其枝叶，损其本根。

注释

[1] 爱惜之误为暴殄（tián）：误，不是故意地造成的过失；暴殄，任意糟踏东西。爱惜之误为暴殄，爱惜东西不妥当就会成为任意的糟踏。

[2] 箧笥（qiè sì）：藏物的竹器。此泛指箱笼等物。

[3] 方：方正，刚直。

[4] 索理：探索义理。

[5] 条畅：通畅，畅达。

[6] 浃洽：和谐，融洽。

[7] 全交：保全。维护友谊或友情。

[8] 芝兰之士：芝兰，芷与兰，皆为香草。芝兰之士，喻高雅、优秀子弟。

[9] 易远难亲：即“远易亲难”。

[10] 怀安：贪图安逸。

[11] 志识：思想意识，对及物的见解。

[12] 徧（biàn）清：徧，通“遍”；清，清楚，明白。徧清，大都清楚。

[13] 媟（xiè）秽：轻薄淫秽。

[14] 切（qiè）：重要。

[15] 法戒：楷式和鉴戒。

[16] 节其委：节略其原委。　周：全面。

[17] 微其词：使词语隐而不露。

[18] 忘情：无喜怒哀乐之情。

[19] 厥德：其德。

[20] 故：通“辜”。过失，罪恶。

[21] 愈：好。

[22] 权词：随机应变之词。

[23] 竟：完毕，终了。

[24] 鬯（chàng）遂：畅遂。

[25] 遏以己见：遏，阻断。遏以己见，用自己的意见阻断（别人的话）。

[26] 挠以他端：挠，扰乱。挠以他端，用其他的事情扰乱（别人的话头）。

[27] 至正：最为中正。

[28] 匡：纠正。 过：过失。

[29] 微权：机变。

[30] 口过：言语的过失，失言。 化：化解。

饮食约

曷可用享[1]，簋二损之[2]，时也[3]；夏屋渠渠[4]，簋四颐之，隆也[5]；于粲洒扫[6]，簋八丰之，至也。知己相招，情欣于赴，知人肺腑。故曰：相知居恒。自念禀薄福薄，每深俭惜。又见民生日贪、风俗日奢，饮食晏会，亦一大端。士不率先，民何观法[7]？士奢民奢，士俭民俭，自然之势。素心实然[8]，相知所信。迩来秩宗[9]，启请圣允煌煌[10]，普天恪共[11]，宜率先者尤在吾党[12]。不兼几、不杀生、不演曲、不六博[13]，清谈久坐，欢洽较倍。簋极于八，荤素相间，汤点菓盒称是；万物罗列广侈，使鄙人登忘忧之座，默增三叹之怀。倘疑饮食小节、何必斤斤[14]，宴会粗迹、何足介介[15]？窃以矜忽攸分[16]，亦关学问制事[17]。无小制心，无粗况省。我饱余堪疗众饥[18]，又分体圣天子轸恤穷黎之意者乎[19]？

饮食间气质

盛馔变色[20]，为相敬也；蔬食必饱，为相爱也。随分而宜[21]，有何分别？识此意，人易于待我，我亦易于待人。若不得圣人之意，将恬然而安之，此其病根是“傲”；不得晋平公之意[22]，且以为简我而不乐矣，此其病根是“陋”。吾见世间朋友，多犯此病。若真心为学，只饮食间便须变化气质。

四姓剥复说[23]

惨祸之门不同[24]，各有感召焉[25]，有先徵焉[26]。或主人及主妇并残酷，此以杀机感也。某曰："危哉！是将有叛逆之变。"未几，几死于官方遗孥缧绁[27]，或性介而褊[28]，子弟刚矜，其家神鬼嚎啸，数数附于人，言未来事，家人以为灵。某闻之曰："人衰，故鬼旺。今虽显隆，不久矣。"俄而被祸。或聪明豁达，吏治卓然，可称桑梓[29]。利病如饥溺在躬[30]，而独湛于色[31]，致婢妾无复尊卑，诟骂而挺击之[32]，不能禁，亦不悔也。或曰："夫[33]，夫也[34]。刀锯日在颈矣。"俄以诬罔受难。感召不同，先徵亦不同。智者皆早识其不祥云。至于蒙祸之后，旁人为之悲悽、为之危慄[35]，其子弟顾夷然不追痛[36]，已往而皇皇求利；不殷忧而蒙患[37]，而意气扬扬如平时。呜呼！此亡者不可复兴，仅存者必底于亡也欤[38]！使其子弟意思深长，得一人也，尚可挽一家之运；然令子弟而意思深长[39]，当非蒙祸之家。天人分而合[40]，显而微[41]。智者于未然识否剥于既至、定挽回[42]，皆观其子弟而炳如矣[43]。或久否初兴[44]，举家气焰张甚，其于行，乐鸣得意。皇皇汲汲[45]，期不及夕。呜呼！是其家，久不出五年，近不出三年，衰落复至，将不可救。三者已往，一者未来，皆近事目击，悬为剥复之券[46]，垂戒子孙，又以知举家谨肆[47]，起于吾身，日慎一日焉。

注释

[1] 曷（hé）：何。 享：祭祀所用的祭品。

[2] 簋（guǐ）：食器。 损之："损之又损"的略语。意

为尽可能地节省。

[3] 时：合乎时宜。

[4] 夏屋：大俎，大的食器。 渠渠：深广的样子。

[5] 隆：丰厚。

[6] 于粲：对鲜明美好的赞叹。 洒扫：洒水扫除。表示隆重。

[7] 观法：观察法度。

[8] 素心：本心。

[9] 秩宗：掌宗庙祭祀的官员。

[10] 启请：敬词。请。

[11] 恪共（gōng）：共，通“恭”。恪共，恭谨（遵守）。

[12] 吾党：我辈，我们这一层次的人。

[13] 兼几：几，桌子。兼几，用两张或两张以上的桌子。 六博：一种掷采下棋的比赛游戏。

[14] 斤斤：过分着意。

[15] 介介：固守不变，坚定不移。

[16] 矜忽攸分：矜，慎重，谨慎；忽，怠忽，轻慢；攸分，乃分。矜忽攸分，慎重与轻慢是完全不同的。

[17] 制事：处理军国大事。

[18] 我饱余堪疗众饥：堪，“那堪”的省略。我饱余堪疗众饥，我吃饱了我怎么能够使大家不饿呢？

[19] 轸（zhěn）恤：深切顾念与怜悯。 穷黎：贫苦百姓。

[20] 变色：变换花色，改变花样。

[21] 分（fèn）：位分、职分、地域等不同的具体情况。

[22] 晋平公：春秋时晋国国君。名彪。在位二十六年，谥“平”。

[23] 四姓：四户人家。 剥复：《易》二卦名。坤下艮上

（䷖）为剥，表示阴盛阳衰；震下坤上（䷗）为复，表示阴极阳复。后因以盛衰、消长为剥复。

［24］门：起因，关键。

［25］感召：感应。神明之类对人事的反响。

［26］先徵：事先出现的征兆。

［27］遗帑：帑，通“奴”。遗帑，舍弃的奴仆。

缧绁：牢狱。

［28］或：某人。　介：孤傲特异。　褊（biǎn）：心胸、气量狭隘。

［29］称：称道，赞许。　桑梓：家乡，故乡。

［30］利病：利弊，利害。

［31］湛（chén）：沉溺。

［32］挺击：顶撞。

［33］夫：女子的配偶。

［34］夫：大丈夫。

［35］危慄：恐惧战栗。

［36］顾：反而。　夷然：坦然，泰然。

［37］殷忧：忧伤。

［38］底：同“厎”。引致。

［39］使：假使。　意思：思想，心思，谋略。

［40］天人：天道与人事。　分而合：有分有合。

［41］显而微：有的显明、有的隐晦。

［42］否（pǐ）剥：《易》的两个卦名。“否”为天地不交；“剥”为阴盛阳衰。此指乖舛的时运。

［43］炳如：明显昭著的样子。

［44］否（pǐ）：困厄，不顺。

［45］皇皇汲汲：惶恐急切的样子。

［46］悬：公布。　券（quān）：契合，符合。

[47] 谨肆：谨慎勤苦。

袁丁二公格言

袁职方有言："有子弟不能教诲，成何自修[1]？"于清惠公有言："好人独为不成，须子弟僮仆同心学好。"先公常称道二言[2]。为子弟者不可不体此意。大抵僮仆为非，必先饵幼主及房族亲戚之不肖者[3]，相与洽比[4]。于是或乘主人衰老厌事、或远出宦游[5]，遂无忌惮。故教诲子弟者，主人之责也；敛饬僮仆者[6]，子弟之事也。子弟知自好，僮仆必不敢独横于外。彼能掩主人之一耳一目，岂能遍掩众正乎？以身教者从[7]，则又二先生言外之意。

收敛能免意外[8]

意外之虞最难免[9]，惟时时收敛则可免。能使子姓僮仆人人谨慎[10]，则无复意外。若其未能，则虽谶出意外，究竟袛意内耳[11]。

胎 教

古有胎教之文。盖子之在腹也，成形成性皆依于母胎。非可教，能自慎其身之谓能教也。目无邪视，耳无邪听，勿多語，勿大笑，勿盛怒，饮食勿过饱、过饥、过冷、过热。凡薑椒辛辣，葱蒜昏浊[12]，橙桔酸寒等物，概止勿用。出入必遣侍婢前导，勿触不意，或致惊惶，则生子长年且无疾病[13]。男必清明强固[14]，女必贞静幽闲[15]。视生而治其疾痛[16]；禁其非慝者[17]，事逸而功百之，夫是之谓胎教。圣人曰："习惯成自然。"不惟习于已生，亦于未产。能慎在母，能令母慎在父。然则胎教，乃为父者之事焉。

雇乳母说

富者省乳哺之劳，贫者代哺之。食其食，衣其衣，取其值，以养老育幼，至便也。然贫者代人哺子而弃其所生之子，每觅无子家以己子与之。无子家亦多贫，以代人哺儿而妨己业，初虽允受，渐生厌心。襁褓之孩受人厌而能生者，寡矣。吾家雇乳母十余人，少时念未及此，渐长始闻，悯之特甚，无异杀人子以养吾子，每念之汗下。然未有策以救。今为酌一法：凡雇乳母时，先令择亲戚中实有余乳、愿抱养者以子付之，本家于券议三年工银外[18]，另助银二两五钱。受乳母之子者，当时先以五钱给之；三月抱至本家，令其生母验视无恙，再给一两；周岁验视无恙，又给一两。儿之难生在于幼小[19]，大约儿生数月，其母始出受雇；寄养三月，则半岁有余；又复一岁，则近二十月矣。方幼小时，抱养之家未必心爱，然利此一金有半[20]，代哺亦甘。及一岁外，善嬉笑，能立行，虽非亲生，欲不怜爱亦不可得。况又得一金，其尽心抚视无疑也。万一愚人不仁，借抱养之名以收利，不尽抱养之实以悮人，故特令两番抱验。倘觉瘦瘁[21]，即为别觅有乳家易之。及其长大，听代养之家主之[22]：愿留者留；不愿留者，送归其生母。此则乳母之子宜可多生，富人之妻不劳；贫人之子不死。且贫人失一子，何其痛楚！明知受雇必杀其子，而宁忍之者，饥寒迫也。若雇乳母之家，即不侈富，必不大贫。二岁之中于此二金半何有[23]？小费钱财，免杀人子，孰轻孰重，何疚何安？况天实好生，吾能以生意合之，则全人儿亦所以保吾儿也。今后吾家当永行此法，愿与爱子者同之。

注释

[1] 自修：修养自己的德性。

[2] 先公：对已去世的父亲的称谓。

[3] 饵：引诱，诱惑。

[4] 洽比：融洽，亲近。

[5] 厌事：于事厌倦。 宦游：外出求官或做官。

[6] 敛饬：整饬，整治。使之条理有序，合于规范。

[7] 从（cóng）：使之跟从，效法。

[8] 收敛：检点行为，约束身心。

[9] 意外之虞：意料之外的忧患。

[10] 子姓：泛指子孙后辈。

[11] 秖：同“祇”。只。

[12] 昏浊：此指不洁净的饮食。

[13] 长（cháng）年：长寿。

[14] 清明：神志清晰。 强固：身体健壮。

[15] 贞静：端庄娴静。 幽闲：柔顺闲静。

[16] 视生：生，阳。视生，谓面向阳。

[17] 非慝：不好的言行。

[18] 券议：订立协议文书。

[19] 难生：难以养活。

[20] 一金：一两白银。 有半：又半，另半两（白银）。

[21] 瘦瘁：消瘦憔悴。

[22] 主：作主安排。

[23] 何有：用反问表示“没有什么”。

革俗例

俗所通用而必不可袭者[1]，四事：

一曰家中不用优人[2]。优人演戏，无非淫媟，岂可令妇人、童稚见之？即亲翁新过[3]，先期告之，同志高明[4]，必不见罪。倘晏公祖父母官[5]，轮流为首，谊不可辞，亦须度量官府品致[6]。可已者，明告而罢去之；不可已，宁借他处园亭或僧寺设晏，勿以官府故坏家法。

二曰疾病祈祷，勿广杀生。尝见莲池上人戒杀文中有此条[7]。悲惨恳恻、悚动狂迷[8]，深助儒理。凡信祈祷者，大抵愚夫愚妇，彼必惊怖地狱、崇信轮回。杀生乃佛家首戒，何独于禳灾之期反不信而故犯？死生有命，不足与言。就其所明，引而禁之，亦应止矣。

三曰僧尼佛婆勿令入门。愚人或逢生子、或己生日、或逢丧事，辄令此辈诵经念佛，昧礼犯义[9]，无益有损。妇人行之，已为可恶；男子信之，尤属可羞。

四曰晏会有定品[10]，勿暴殄天物。随常往来，则《小学》中所载[11]；温公记郡牧判官事，近日梁溪先生同志[12]，约本乎道气、感乎庸情[13]，尤可彷而遵也。晏郡邑大夫及新亲[14]，并应度情量义[15]，斟酌得中。务为返奢从俭之计。

勿妄布施

布施须有条理。族人已置义庄，通邑立同善会[16]，荒年另应捐济，不必复论。平常年分，则当仿阳明先生意，每岁田租除公私用度外，割除若干石为行义之资。视外亲之近而贫者，与朋友之有行谊、勤苦读书而贫者，远亲近邻之生无养、没无以殓者[17]，故旧子孙之不能自立者，酌缓急多寡而量助之。无干众人耳目偶遗，随时周济，亦无定额。又修桥补路，实有便于人者，随意量捐。惟不斋游僧，不可听扛佛点灯、化缘恶套，不可助造殿装佛、写经刻经，不可助一应寺观斋醮，不可请僧众至家诵经拜忏、作功德，不可延尼姑佛婆联翩念佛。此端一开，滥觞无极[18]，无一毫济人利物真功；而酿盗贼、坏风俗、毁清规、惑妇稚、损世业，种种贻害，不可胜计。布施美名反成恶事，大可恶也。吾年十七，方肆力于诗文，然幼时出家长生之念犹在。一日，偶遇道士于门，眉宇髭髯颇异。招予授以红药丸子。有喜色。道士因求双履。予力请于先慈与之[19]。因令人施从[20]，见其入肆，易酒肉大餐。乞丐之尤，盗贼之媒也[21]。明后日，道士坐于门者相接明言："我闻某郎君好道，特来度之。"余闻惭愧无地，后遂绝意僧道焉。顷晤先达某公，既出门，有短发和尚持其衣大呼，阍人叱之不去，推之不肯下，予笑问故，某公第应曰[22]："施捨之端，信不可开。"盖昨日偶遇一僧有所畀[23]，而此僧遂闻风而至，观其意状，殊非良人。又二十年前，姑苏曾有假尼[24]，遍历诸大家事[25]，败斃于狱。穷其丑秽，殆有不忍言者。引悔入门，自作之孽，将以谁咎？好尚不端，施捨不审[26]，其报如此。可不戒哉！可不戒哉！男子正其身，妇人率其教，是为清吉之门[27]。

注释

［1］　袭：沿袭，重复。

［2］　优人：以乐舞、戏谑为业的艺人。

［3］　亲翁：对儿子的岳父和女儿的公公的称谓。

　　　新过：初次拜访。

[4] 同志：志同道合。 高明：崇高明睿的人。

[5] 公祖父母官：对当地地方官的尊称。

[6] 品致：格调，志趣。

[7] 莲池上人：上人，对和尚的尊称。莲池上人，即莲池大师沈袾宏。明代高僧。字佛慧，号莲池，仁和（今杭州市）人。先业儒，后为僧。居楼云寺三十余年。

[8] 恳恻：诚恳痛切。 悚动：（使人）震动。
狂迷：极度迷恋。

[9] 昧礼：不懂礼。

[10] 定品：固定的标准。

[11] 《小学》：儿童教育课本。宋代朱熹、刘子澄编。辑录符合封建道德的言行六卷：《立教》、《明伦》、《敬身》、《稽古》、《嘉言》、《善行》。

[12] 近日：接近皇帝的人。 梁溪先生：即李纲（1083—1140）。宋代大臣。字伯纪。邵武（今属福建）人。政和进士。曾拜相。著有《梁溪集》《靖康传信录》。

[13] 道气：超凡脱俗的气质。 庸情：常人的心志。

[14] 郡邑：府县。 新亲：结婚时男女双方家属的互称。

[15] 度（duó）情量义：度量情义。即根据情义来考虑。

[16] 通邑：交通便利的城市。

[17] 没：通“殁”。死亡。

[18] 滥觞：波及，影响。

[19] 先慈：对已故母亲的称谓。

[20] 施从：加以跟随。

[21] “乞（qì）丐之尤”二句：乞丐，施与；尤，过失；媒，诱因。这两句是说，施与不当，是引发盗贼的诱因。

[22] 第：评定，评论。

[23] 畀（bì）：给予。

[24] 姑苏：苏州的别称。

[25] 大家：巨室。此指官宦、富贾之家。

[26] “好（hào）尚不端”二句：好尚，爱好和崇尚；端，不偏斜。这两句的意思是，崇尚施舍却偏离了正确的尺度，施舍就不审慎。

[27] 清吉：清平吉祥。

施济得失

扶济贫穷，施赠豪杰，均属美事，得失悬甚。济贫穷是日用常行[1]，百不失一。赠豪杰是格外偶然，若非具眼[2]，即成妄费；稍涉结纳[3]，即成豪举；每召干求[4]，究反致怨[5]，甚或贾祸[6]。不可不慎。

勿置园亭

园亭之设，为游晏者多，为读书者少。仕优则学，纵使宦成之后[7]，何便为行乐之时？若方读书用功，先起台榭、恣游观[8]，恐于书生更不相称。此物此事，终始可已。吾尝嫌白香山到处累石凿池[9]，虽雅人风韵，其实亦觉多事。惟晋公绿野堂得宜[10]。以彼元功硕望，上有昏主，下有妒臣，若闭门持重，不日就良辰美景间潇洒劝酬，疑忌反深矣。所以绝口不谈经济[11]，日与田夫野老相见，且云生老病死，符到奉行[12]。噫！真知几达生之人也[13]。寻常退休，何必于是？或言周元公悟太极于月岩[14]，先儒此类甚多，景界是为学道助[15]，宁可尽废乎[16]？岂知真山原泉[17]，天造地设，悠然相对，触目惊心，所谓“知者乐水，仁者乐山[18]。”夫子亦有舞雩之游[19]，杏坛之断断[20]，有“逝者如斯”之会心[21]，有春风咏归、与点同志之叹[22]，良不诬也。若人工结构，累石渟泉[23]，剪綵为花，实无生意。曾见人于假山假川之旁，悠然有会、恍然悟道者耶？此虽极其幽胜，只作繁华；极其飘逸，只作俗趣，且非独无益也。凡物有兴必有废：方其盛，我竭力而营之；及其衰，他人复竭力而运之。一兴一废之间，无不有费时伤财之害。其耗蠹于人间[24]，暴殄乎天物，有不可胜计者矣。果有山水之致者，春和秋凉，偕良朋命驾，千百里内，皆可涉猎。遇胜境赏心，盘桓旬日，素有本领，未必无月岩之助也。其在书斋，随意花竹数茎，足矣。陶翁所云[25]：树木交荫，林鸟变声，欣然有喜，何苦为此无益身心、得罪造物之事哉！吾愿子孙超然旷观[26]，勿羡愚俗。有此举动，处寂寥而效嚬[27]，岂承家之俊[28]？物值满盈而不戒，尤适力之小人[29]。

勿畜优伶

士夫最忌畜养优伶。每见不好学问者，居家无乐事，搜买儿童，延优师教习讴歌，称为家乐。酝酿淫乱[30]，十室而九。此辈日演故事，无非钻穴踰墙意态。儿女辈习见习闻，十来岁时，廉耻之心早已丧尽；长而宣淫[31]，乃其本分；愧之不动[32]，禁之安能？为祖父者，耽耳目之细娱[33]，忘中冓之隐谶[34]，何心哉！何心哉！延优至家，已万不可，况畜之耶？此必作孽既甚，势又隆炎，莫敢发难；天故遣，自毒其后。恶人多迷，善人常醒。天道行于人心。

勿听优人借名[35]

虽有风流嗜利之士，未尝许娼妓讬名[36]，嫌其秽也。今优班有女旦者，十之七八。娼优本无高下，况女旦以优兼娼，乃许之假托名色[37]，书“某府某衙女旦某人班”，忸怩于彼，而慨然于此。何哉？时非战国，身非燕丹[38]，畜家妓以悦人，为宣淫之领袖。念及于斯，立刻碎其招摇犹云晚矣。

注释

［1］ 日用：日常，平时。 常行（xíng）：永久实行的行为准则。

［2］ 具眼：此指有眼力的人。

［3］ 结纳：结交。

［4］ 干求：请求，求取。

［5］ 究：到底。

［6］ 贾（gǔ）祸：招致灾祸

［7］ 宦成：登上显贵之位。

［8］ 游观（guàn）：供游览的楼台。

［9］ 白香山：即白居易（772—846）。唐代诗人。字乐天，晚年号香山居士，故称白香山。

［10］ 晋公：指裴度（765—839）。唐宪宗时宰相。字中立，河东闻喜（今山西闻喜东北）人。贞元进士。元和十二年（公元817年）督师破蔡州，擒吴元济，使唐代藩镇叛乱局面暂告结束。封晋国公。晚年以宦官专权，辞官，退居洛阳。 绿野堂：裴度晚年退居洛阳后，于午桥建别墅，种花木万株，筑燠馆凉台，名曰绿野堂。裴度与白居易、刘禹锡等作诗酒之会，穷昼

夜相欢，不问人间事。元马致远《夜行船·秋思》有句："裴公绿野堂，陶令白莲社。"

[11] 经济："经邦济国"的缩语。此指国家大事。

[12] 符：此指"催命符"。迷信所指摧人死亡的符箓。

[13] 知几：由于看出事物发生变化的隐微征兆而具有预见性。 达生：指参透人生、不受世事牵累的处事态度。语出《庄子·达生》。

[14] 周元公：即周敦颐（1017—1073）。北宋哲学家。字茂叔，谥"元公"。因筑室庐山莲花峰下的小溪上，取营道故居濂溪以名之，后人遂称为濂溪先生。他提出的太极、理、气、性、命等，成为宋明理学的基本范畴，他本人成为理学的创始人之一。二程皆其弟子。 太极：古代哲学概念。《易·系辞上》："易有太极，是生两仪，两仪生四象，四象生八卦。""太极"是派生万物的本原。周敦颐继承了这一思想，兼采道家学说，"悟太极"而著《太极图说》。

[15] 景界：境界。 学道：学习道艺。即学习儒家思想。

[16] 宁可：岂可。

[17] 原泉：源泉。此指天然生成的泉水。

[18] "所谓"二句：语出《论语·雍也》。意思是，知（zhì）者（有才智的人）乐于以其才智治世，如水流而不止；仁者如山之安固，自然不动而万物生焉。

[19] 夫子：此指孔子。 舞雩（yú）：求雨之祭叫"雩祭"。因配合以乐舞，故又叫"舞雩"。此指舞雩之处。

[20] 杏坛：相传为孔子讲学处。后人附会为今山东省曲阜市孔庙大成殿前。 訚訚（yín yín）：和悦而能尽言的样子。

[21] 逝者如斯：语出《论语·子罕》：“子在川上曰：‘逝者如斯夫！不舍昼夜。’”意为：孔子见川水日夜奔流不息而一去不返，以之比喻光阴的流逝。

会心：领悟。

[22] “有风春”句：点，指曾点。春秋时鲁国南武城人。字皙。孔子弟子。《论语·先进》：“（曾点）曰：‘莫春者，春服既成，冠者五六人，童子六七人，浴乎沂，风乎舞雩，咏而归。’夫子喟然叹曰：‘吾与点也。’”孔子让曾点言志，曾点说了以上的话，孔子表示欣赏，并引以为志同道合（同志）之人。

[23] 渟（tíng）泉：积水成泉。

[24] 耗蠹（dù）：耗费损害。

[25] “陶翁所云”四句：陶翁，指陶潜（陶渊明）（365 或 372 或 367—427）。东晋诗人。字元亮，私谥“靖节”。浔阳柴桑（今江西九江）人。曾任江州祭酒、镇军参军、彭泽令等职。长于诗父辞赋。“树木交荫”等句出自《与子俨等疏》，原文是：“见树木交荫，时鸟变声，亦复欢然有喜。”变声，意为发出各种不同的声音。

[26] 超然：离尘脱俗。　旷观：见识广阔。

[27] 效嚬：即“效颦”。喻指盲目模仿而弄巧成拙。

[28] 承家：继承家业。　俊：才德超绝的人。

[29] 适力：疑为“势力”。

[30] 酝酿：比喻涵育、熏陶。

[31] 宣淫：公然淫乱、毫无避忌。

[32] 愧：羞惭。

[33] 耽（dān）：沉溺。　细娱：游乐。

[34] 中冓：原指内室、闺门以内。后多以之指闺门秽乱。

[35] 听：听凭，听任。

[36] 嗜利：贪图钱财。

[37] 名色：名义。

[38] 燕丹：即“燕太子丹”。战国时燕王喜之子。见秦且灭六国，乃阴养壮士，使荆轲刺秦王。

近内门路禁约[1]

门路出入有定规：凡近内门户，仅容十二三岁儿童传语出入。过此即当禁足，非有事特呼，不得擅入。每门明立禁约，写贴于上，犯者必责如数[2]。愚人不识，以为严于所不必严。岂知，此是闲处着忙、缓里着紧，习成规矩，自然闺门清肃。知风之自防，自不防风。

妇女勿入寺

揆曰[3]：“近见大族妇人入寺焚香听经，拜高僧为师，可不禁与?”曰：“是为之纲者，非复人类也。而祖之治句容也[4]，民家妇女至茅山皆禁之，况衣冠族耶[5]?”吾知子孙必无是事，故不必列于矩。

勿庆生日

唐太宗以天子之尊、又不学之英雄耳[6]，犹知生日增悲，况学士大夫忍以是日酣歌称庆乎[7]？身为孝子慈孙，勿行是事。

开单以备遗忘

或问："子遇婚葬或公家利病大事[8]，必置小经摺于夹袋中[9]，细书端绪[10]；或造成册本，分派施行。岂其恐遗忘耶？伊川先生谓[11]：'圣人惟不记事，所以能记事。'何也？"曰："此言圣人，不言常人。况举大事条绪繁多，必因人分派；分派非预为酙酌，未必得宜。径与口语彼庸，众人一入耳之顷，亦难详事情之曲摺。故面命之下[12]，随开一单付之。彼便于奉行，我便于查验。"

出行以赏为罚[13]

处家以罚为赏，惰者罚之，则众趋于勤，有所畏也；行路以赏为罚，勤者赏之，则众莫敢惰，有所激也。或曰："何以异哉？"曰："行路，则舟车之间，劳矣，虽逸亦疲；又远其亲属而从我，宁忍加罚？故以赏为罚者，以不赏为罚也。处家以罚为赏者，以不罚为赏也。不然，将不胜赏矣。异乃各得其情。"

各念室家[14]

每出旬日而归，僮仆驾车操舟，皆有皋鼛鼓[15]，费胜之气、东山之诗[16]，悉人情矣。以天下之故劳民，圣人犹哀之，以身劳数人而曰："主仆之分宜尔。"何其残也！

事有速了有不了[17]

可为之善事，有未及行者；以前之过举[18]，有未及改者；一家之事宜，有未及清妥者[19]。凡此，皆人生未了之心愿，当及时了之。大抵亏己一分，饶人一分[20]，无不可了。其有极难处者，全亏全饶，亦与了断。既使心中轻快，又免贻子孙煎烦[21]，是大便宜也[22]。若居官职业[23]，随分尽之[24]，势难行而几可缓者，置之；其义必当为，而阻于势，则委职而去可也[25]。亦须早见其微其辞[26]，若后时讦激[27]，虽去犹殃。此数者，皆以完得速，放得下为是。惟修身穷理，有进无已。与此相终结。

误售丁产者吐还[28]

勿买瓜葛不明之产，勿收来历不明之仆。交易时，宜详审而后行。倘一时为人所绐、后有相告者[29]，即核实而吐还之，理取原价可也。凡中保僮役之辈，竞谓吐还为失体面，恐人非笑，此最愚之见。始也，不知而买之；既也，知而吐之；如日月之更[30]，众方感仰之不暇，其谁非笑之有！若坚遂前非，必招怨恨、招咒诅、招讼狱，费心思踌躇，费笔舌干请[31]；究竟亦必费钱财，所失殆不可胜计[32]。然则法成汤之改过不吝[33]，反失体面乎？法小人之过也必文[34]，反得体面乎？凡置产买仆者，必粗足衣食，粗读诗书，否则列士[35]，夫首民庶者也[36]。苟抱一隙之明，岂待再计而决哉[37]！

注释

［1］ 近内：通向内室。

[2] 责：处罚。 如数：按照规定的数字处罚（而不得减免）。

[3] 揆曰：当为“或曰”。

[4] 句容：汉置县。在江苏省西南部。名胜有宝华山和茅山。

[5] 衣冠族：搢绅之家，士大夫之家。

[6] 唐太宗：即李世民。唐代皇帝。

[7] 称庆：道贺，庆贺。

[8] 利病：犹利弊，关乎利害。

[9] 经摺：折叠式的狭长小簿，便于携带，多用以记录备忘事宜。 夹袋：衣服里面的口袋。

[10] 端绪：头绪。

[11] 伊川先生：即程颐（1033—1107）。北宋哲学家、教育家。洛阳（今属河南）人。字正叔，学者称伊川先生。与其兄程颢同为北宋理学的奠基者，世称“二程”。著作收入《二程全书》中。

[12] 面命：当面告语。

[13] 出行以赏为罚：此段意在阐述在“处家”与“出行”的不同情况下，如何使用“赏”与“罚”的手段。

[14] 室家：此泛指家庭、家庭中的成员。

[15] 鼛（gāo）鼓：有役事时击之以召集人役的大鼓。

[16] 东山之诗：指《诗经·豳风·东山》。诗中表现了出征战士的思乡恋家的心情。

[17] 了（liǎn）：了结，结束。

[18] 过举：错误的行为。

[19] 清妥：清理妥当。

[20] 饶：宽恕，宽容。

[21] 煎烦：焦灼苦恼。

[22] 便（biàn）宜：有利于国、家，合乎时宜的事情。

[23] 居官：担任官职。　职业：职分应作之事。

[24] 随分（fèn）：随时，就便。　尽之：将其完成。

[25] 委职：辞官。

[26] 微：隐慝（之处）。　辞：借口。

[27] 讦（jì）激：直言激怒。

[28] 售：买。　丁产：人口与田产。吐还：将已到手的东西还给原主。

[29] 绐（dài）：欺骗。

[30] 更：调换，相更替代。

[31] 干请：请托。

[32] 殆（dài）：几乎。

[33] 法：效法。　成汤：商开国之君。夏桀无道，汤伐之，遂有天下，国号商，都于亳。

[34] 文：文饰，掩饰。

[35] 列士：有名望的人。

[36] 首：首领，表率。

[37] 再计：重新谋划。

王士晋宗规

［明］王士晋

乡 约 当 遵

孝顺父母，尊敬长上，和睦乡里，教训子孙，各安生理[1]，毋作非为。这六句，包尽做人的道理。凡为忠臣，为孝子，为顺孙，为圣世良民，皆由此出。无论圣愚，皆晓得此文义，只是不肯着实遵行[2]，故自陷于过恶。祖宗在上，岂忍使子孙辈如此。今于宗祠内，仿乡约仪节[3]，每朔日，族长督率子弟齐赴听讲。各宜恭敬体认[4]，共成美俗。

祠 堂 当 展[5]

祠乃祖宗神灵所依，墓乃祖宗体魄所藏。子孙思祖宗不可见，见所依所藏之处，即如见祖宗一般。时而祠祭，时而墓祭，皆展视大礼，必加敬谨。凡栋宇有坏，则葺之，罅漏则补之[6]；垣砌碑石有损[7]，则重整之，蓬棘则剪之；树木什器，则爱惜之，或被人侵害，盗卖盗葬，则同心合力复之。患无忽小。视无逾时，若使缓延，所费愈大。此事死如事生，事亡如事存之道，族人所宜首讲者。

族类当辨[8]

类族辨物[9]，圣人不废。世以门第相高，间有非族认为族者：或同姓而杂居一里，或自外邑移居本村，或继同姓子为嗣，其类匪一。然姓虽同而祠不同入，墓不同祭，是非难淆，疑似当辨。倘称谓亦从叔侄兄弟，后将若之何？故谱内必严为之防。盖神不歆非类[10]，处己处人之道。当如是也。

名分当正[11]

非族者辨之，众人所易知易能也。同族者，实有兄弟叔侄，名分彼此，称呼自有定序。近世风俗浇漓[12]，或狎于亵昵[13]，或狃于阿承[14]，皆非礼也。至于拜揖必恭，言语必逊，坐次必依先后，不论近族远族，俱照叔侄序列。情既亲洽，心更相安。名门故家之礼，原是如此。又有尊庶母为嫡[15]，跻妾为妻者[16]，大乖纲常，反蒙诟笑[17]。又女子已嫁而归，辄居客位，是何礼数。吉水罗念菴先生宅[18]，于归宁之女[19]，仍依世次[20]，别设一席，可法也。若同族义男[21]，亦必有约束，不得凌犯疏房长上，有失族谊，且寓防微杜渐之意。

宗族当睦

《书》曰[22]："以亲九族[23]。"《诗》曰："本支百世[24]。"睦族，圣王且尔，况凡众人乎！观于万石君家，子孙醇谨，过里必下车，此风犹有存者。末俗或以富贵骄，或以智力抗，或以顽泼欺凌，虽能争胜一时，已皆自作罪孽，况相角相仇[25]，循环不辍。人厌之，天恶之，未有不败者。何苦如此。尝谓睦族之要有三：曰尊尊；曰老老；曰贤贤。名分属尊行者[26]，尊也，则恭顺退逊，不敢触犯。分属虽卑，而齿迈众[27]，老也，则扶持保护，事以高年之礼。有德行族彦[28]，贤也，贤者乃本宗桢干[29]，则亲炙之[30]，景仰之，每事效法，忘分忘年以敬之。此之谓三要。又有四务：曰矜幼弱[31]；曰恤孤寡；曰周窘急；曰解忿竞。幼者稚年，弱者鲜势[32]，人所易欺，则矜之。一有矜悯之心，自随处为之效力矣。鳏寡孤独，王政所先，况乎同族，得以耳闻目击者乎，则恤之。贫者恤以善言，富者恤以财谷，皆阴德也。衣食窘急，生计无聊[33]，命运亦乖，则周之。量己量彼，可为则为，不必望其报，不必使人知，吾尽吾心焉。人有忿，则争竞。得一人劝之，气遂平；遇一人助之，气愈激。然当局而迷者多矣。居间解之，族人之责也，亦积善之一事也。此之谓四务。引伸触类，为义田义仓，为义学，为义冢，教育同族，使生死无所失，皆豪杰所当为者。善乎！陶渊明之言曰[34]："同源分流，人易世疏。慨焉寤叹，念兹厥初。"范文正公之言曰[35]："宗族于吾，固有亲疏。自祖宗眎之[36]，则均是子孙，固无亲疏。"此先贤格言也。人能以祖宗之念为念，自知宗族之当睦矣。

注释

[1] 生理：生计。

[2] 着（zhuó）实：认真。

[3] 仪节：礼法，礼节。

[4] 体认：体察认识。

[5] 展：省视，察看。

[6] 罅（xià）漏：裂缝和漏洞。

[7] 垣（yuán）砌：砌在坟墓外边起保护作用的矮墙。

[8] 族类：指同族。

[9] 类族辨物：分析人类群体，辨别各种事物。

[10] 歆（xīn）：飨，嗅闻。

[11] 名分：名位与身分。

[12] 浇漓：亦作“浇醨”。浮薄不厚。多用于指社会风气。

[13] 狎：亲近。 亵（xiè）昵：过分亲近而态度轻佻。

[14] 狃（niǔ）：习惯。

[15] 庶母：父亲的妾。 嫡：正妻。

[16] 跻（jī）：升登。

[17] 诟（gòu）笑：耻笑责骂。

[18] 吉水：古县名。五代南唐改石阳县置吉水县，在江西省中部，赣江纵贯。 罗念菴：即罗洪先（1504—1560）。明学者。字达夫，号念菴，吉水（今属江西省）人。官至翰林院修撰。精研舆地，撰《广舆图》一册。著作有《念菴集》。

[19] 归宁：已嫁女子回娘家看望父母。

[20] 世次：世系相承的先后。

[21] 义男：犹义儿。指无血缘关系而收认为子者。

[22] 《书》：《尚书》的简称。儒家经典之一。相传系孔子编选而成。为中国上古历史文件和部分追述古代事迹著作的汇编。

[23] 以亲九族：语出《书·尧典》：“克明俊德，以亲九族。”大意是，（尧）能够任用提拔同族中德才兼备的人，使族人都亲密地团结起来。

[24] 本支百世：语出《诗·大雅·文王》。谓子孙昌盛，百代不衰。

[25] 相角（xiāng jué）：争胜，互斗。

[26] 尊行（háng）：长辈。

[27] 齿迈：年老。

[28] 彦：贤士，俊才。

[29] 桢干：指重要的起决定作用的人或事物。

[30] 亲炙：亲受教育熏陶。

[31] 矜（jīn）：怜悯，同情。

[32] 鲜（xiǎn）：少。

[33] 无聊：贫穷无依。

[34] 陶渊明（365 或 372 或 376—427）：东晋大诗人。一名潜，字元亮，浔阳紫桑（今江西省九江）人。曾任江州祭酒、彭泽令等职，因不满朝政黑暗，决心辞官归隐。长于诗文辞赋，有《陶渊明集》。

[35] 范文正：即范仲淹。

[36] 眎（shì）：看。

谱牒当重[1]

谱牒所载，皆宗族祖父名讳[2]，孝子顺孙，目可得睹，口不可得言，收藏贵密，保守贵久。每岁清明祭祖时，宜各带所编发字号原本，到宗祠会看一遍，祭毕，仍各带回收藏。如有鼠侵油污磨坏字迹者，族长同族众即在祖宗前，量加惩诫，另择贤能子孙收管，登名于簿，以便稽查。或有不肖辈，鬻谱卖宗[3]，或誊写原本，瞒众觅利，致使以赝混真[4]，紊乱支派者，不惟得罪族人，抑且得罪祖宗，众共黜之[5]，不许入祠，仍会众呈官，追谱治罪。

闺门当肃

“男正位乎外。女正位乎内[6]”，圣训也。君子正家[7]，取法乎此，其闺门未有不严肃者。纵使家道贫富不齐，如馌耕采桑、操井臼之类[8]，势所不免，而清白家风自在。或有不幸寡居，则丹心铁石，白首冰霜。如古史所载贞烈妇女，炳耀后先，相传不朽，皆风化之助。亦以三从四德、姆训夙娴[9]，养之者素也；若徇利妄娶，门阀不称，家教无闻。又或赋性不良，凶悍妒忌，傲僻长舌[10]，私溺子女，皆为家之索，罪坐其夫。若本妇委实冥顽[11]，化诲不改，夫亦无如之何者，祠中据本夫告词，询访的确，当祖宗前，合众给以除名帖，或屏之外氏之家，亦少有所警矣。要之教妇在初来，择妇必世德[12]。语曰：“逆家子不娶；乱家子不娶。”《颜氏家训》曰：“娶必欲不若吾家者。”盖言娶贫女有益，非谓迁就族类，娶卑陋之女以胎祸也。至于近时恶俗人家，妇女有相聚二三十人结社、讲经，不分晓夜者；有跋涉数千里外，望南海、走东岱祈福者[13]；有朔望入祠烧香者；有春节看春、灯节看灯者[14]；有纵容妇女往来，搬弄是非者。闲家之道[15]，一切严禁，庶无他患。

蒙养当豫[16]

闺门之内，古人有胎教，又有能言之教。父兄又有小学之教、大学之教，是以子弟易于成材。今俗教子弟者何如？上者，教之作文，取科第功名止矣。功名之上，道德未教也。次者，教之杂字、柬笺[17]，以便商贾书计。下者，教之状词活套，以为他日刁猾之地。是虽教之，实害之矣。族中各父兄，须知子弟之当教；又须知教法之当正；又须知养正之当豫[18]，七岁便入乡塾[19]，学字学书，随其资质。渐长有知识，便择端悫师友[20]，将正经书史[21]，严加训迪[22]，务使变化气质，陶镕德性。他日若做秀才，做官，固为良士，为廉吏。就是为农，为工，为商，亦不失为醇谨君子[23]。

姻里当厚[24]

姻者，族之亲；里者，族之邻。远则情义相关；近则出门相见。宇宙茫茫，幸而聚集，亦是良缘。况童蒙时，或多同馆，或共遊嬉，比之路人迥别[25]，凡事皆当从厚。通有无，恤患难，不论曾否相与，俱以诚心和气遇之。即使彼曾待我薄，我不可以薄待，久之且感而化矣。若恃强凌弱，倚众暴寡，靠富欺贫，捏故占人田地风水，侵人山林疆界，放债违例，过三分取息，此皆薄恶凶习。天道好还[26]，尤宜急戒，毋自害儿孙也。

职业当勤

士、农、工、商，业虽不同，皆是本职。勤则职业修；惰则职业隳[27]。修则父母妻子仰事俯育有赖；隳则资身无策[28]，不免姗笑于姻里[29]。然所谓勤者，非徒尽力，实要尽道如士者，则须先德行，次文艺，切勿因读书识字，舞弄文法，颠倒是非，造歌谣，匿名帖。举监生员，不得出入公门，有玷行止。士宦，不得以贿败官，贻辱祖宗。农者，不得窃田水，纵牲畜作践，欺赖佃租[30]。工者，不可作淫巧，售敝伪器什。商者，不得纨袴冶遊[31]，酒色浪费。亦不得越四民之外[32]，为僧道，为胥隶[33]，为优戏[34]，为椎埋屠宰[35]。若赌博一事，近来相习成风，凡倾家荡产，招祸速衅，无不由此。犯者，宜会族众，送官惩治；不则罪坐房长[36]。

赋役当供[37]

以下事上，古今通谊[38]。赋税力役之征，皆国家法度所系，若拖欠钱粮，躲避差徭，便是不良的百姓，连累里长，恼烦官府，追呼问罪，甚至枷号[39]，身家被亏，玷辱父母。又准不得事，仍要赋役完官[40]，是何算计。故勤业之人，将一年本等差粮，先要办纳明白。讨经手印押收票存证，上不欠官粮，何等自在？亦良民职分所当尽者。

注释

[1] 谱牒：亦作“谱谍”。记述氏族或宗族世系的书籍。

[2] 名讳：旧指尊长或所尊敬之人的名字。旧时生前曰名，死后曰讳。分用义异；合用义同名字，但含有敬意。

[3] 鬻（yù）：卖。

[4] 赝（yàn）：假，伪造。

[5] 黜（chù）：废除。此指从家谱中除名。

[6] “男正位”二句：出自《易·家人》。前面已有注。

[7] 正家：谓使家庭关系正常有序。

[8] 馌（yè）耕：为耕作者送饭。　井臼：汲水舂米。泛指操持家务。

[9] 三从四德：泛指束缚妇女的封建礼教。三从指“未嫁

从父，既嫁从夫，夫死从子”；四德指“妇德，妇言，妇容，妇功”。 姆训：女师的训诫。

[10] 傲僻：傲慢邪僻。

[11] 冥顽：愚昧顽固。

[12] 世德：先世的德行。

[13] 东岱：指泰山。因泰山为五岳中的东岳，岱为其别名，故称。

[14] 春节：指立春。

[15] 闲家：无正业而以帮闲为事的人。

[16] 蒙养：教育童蒙。 豫：事先，预先。此指教育童蒙应从早抓起。

[17] 杂字：古代启蒙的识字读本。汇编各类常用字，编成韵语，以便初学者记诵。

[18] 养正：涵养正道。

[19] 乡塾：旧时乡里进行教学的地方。

[20] 端悫（què）：正直诚谨。

[21] 正经：指儒家经典。以别于诸子百家之书。

书史：典籍，指经史一类书籍。

[22] 训迪：教诲启迪。

[23] 醇谨：淳厚谨慎。

[24] 姻里：本指帝王的姻亲。此指亲戚邻居。

[25] 迥别：大不相同。

[26] 天道好还（hào huán）：据《老子》载：“以道佐人主者，不以兵强天下，其事好还。”后以天道循环、报应不爽为“天道好还”。

[27] 隳（huī）：废弃。

[28] 资身：立身。

[29] 姗笑：讥笑，嘲笑。

[30] 欺赖：欺诈诬赖。

[31] 纨袴（wán kù）：亦作“纨绔”、“纨裤”。细绢制的裤。古代贵族子弟所服。此指豪华的服饰。

冶遊：野游。

[32] 四民：旧称士、农、工、商为四民。

[33] 胥隶：封建官府中的小吏和差役。

[34] 优戏：古代指乐舞或以戏谑为主的杂戏。此指从事这一行当的演员。

[35] 椎埋屠宰：杀人及屠宰动物。此指为非作歹和从事低贱的职业。

[36] 房长（zhǎng）：族中各房之长。

[37] 赋役：赋税和徭役的合称。

[38] 通谊：犹通义。即普遍适用的道理与法则。

[39] 枷号：旧时将犯人上枷标明罪状示众。

[40] 完：缴纳。

争讼当止

太平百姓，完赋役，无争讼，便是天堂世界。盖讼事有害无利：要盘缠，要奔走，若造机关[1]，又坏心术，且无论官府廉明何如。到城市，便被歇家撮弄[2]；到衙门，便受胥皂呵叱[3]，伺候几朝夕，方得见官，理直犹可，理曲到底吃亏，受笞杖，受罪罚，甚至破家、忘身、辱亲[4]，冤冤相报，害及子孙。总之，则为一念客气[5]，始不可不慎。《经》曰[6]：“君子以作事谋始[7]。”始能忍，终无祸，始之时义大矣哉。即有万不得已，或关系祖宗、父母、兄弟、妻子情事，私下处不得，没奈何闻官[8]，只宜从直告诉。官府善察情，更易明白，切莫架桥捏怪，致问招回。又要早知回头，不可终讼。圣人于《讼卦》曰[9]："惕中吉，终凶[10]。"此是锦囊妙策。须是自作张主，不可听讼师棍党教唆。财被人得，祸自己当。省之，省之。

节俭当崇

老氏三宝[11]，俭居一焉。人生福分，各有限制。若饮食衣服，日用起居，一一朴啬，留有余不尽之享，以还造化[12]。优游天年，是可以养福。奢靡败度，俭约鲜过，不逊宁固[13]，圣人有辨，是可以养德。多费多取，至于多取，不免奴颜婢膝，委曲徇人，自丧己志；费少取少，随分随足，浩然自得，是可以养气。且以俭示后，子孙可法，有益于家；以俭率人，敝俗可挽，有益于国。世顾莫之能行[14]，何哉？其弊在于好门面一念始。如争讼好赢的门面，则鬻产借债，讨人情钻刺[15]，不顾利害。吉凶礼节，好富厚的门面，则卖田嫁女，厚赂聘媳[16]，铺张发引[17]，开厨设供，倡优杂遝[18]，击鲜散帛[19]，乱用绫纱，又加招请贵宾，宴新壻，与搬戏许愿，预修祈福，力实不支，设法应用，不知挖肉补疮，所损日甚。此皆恶俗，可悯可悲。噫！士者民之倡[20]，贤智者，庸众之倡[21]。责有所属，吾日望之。

守望当严[22]

上司设立保甲，只为地方。而百姓却乃欺瞒官府，虚应故事。以致防盗无术，束手待寇。小则窃，大则彊[23]，及至告官，得不偿失。即能获盗，牵累无时，抛弃本业。是百姓之自为计疏也。民族虽散居[24]。然多者千烟，少者百室，又少者数十户，兼有乡邻同井，相友相助，须依奉上司条约。平居互议，出入有事，递为应援。或合或分，随便邀截[25]。若约中有不遵防范、踪迹可疑者，即时察之。若果有实事可据，即会呈送官究治。盖思患预防，不可不虑。奢靡之乡，尤所当虑也。

邪巫当禁

禁止师巫邪术，律有明条。盖鬼道盛，人道衰，理之一定者。故曰：国将兴，听于人，将亡，听于神。况百姓之家乎！故一切左道惑众诸辈[26]，宜勿令至门。至于妇女，识见庸下，更喜媚神徼福[27]，其惑于邪巫也，尤甚于男子。且风俗日偷[28]，僧道之外，又有斋婆、卖婆、尼姑、跳神、卜妇、女相、女戏等项，穿门入户，人不知禁，以致哄诱费财，甚有犯奸盗者，为害不小。各夫男须皆预防[29]，察其动静，杜其往来，以免后悔。此是齐家最要紧事。

四礼当行

先王制冠、婚、丧、祭四礼，以范后人。载在性理大全及家礼仪节者，是皆国朝颁降者也[30]。民生日用常行，此为最切。惟礼，则成父道，成子道，成夫妇之道。无礼，则禽彘耳。然民俗所以不由礼者，或谓礼节烦多，未免伤财废事，不知师其意而用其精，至易至简，何不可行？试言其大要。

冠则宾不用币，归俎止殽品果酒[31]，不用牲，惟从俭。族有将冠者众，则同日行礼。长子众子，各从其类，赞与席，如冠者之数，祝词不重出，加冠醮酒[32]，祝后次第举之，拜则同庶人。

三加之礼，初用小帽、小深衣、履鞋；再用折巾、绢深衣、皂靴；三用方巾，或儒巾，服或直身[33]，或襕衫、员领[34]，皆从便。婚则禁同姓，禁服妇改嫁[35]，恐犯离异之律。女未及笄[36]，无过门。夫亡，无招赘，无招夫养夫。受聘，择门第，辨良贱；无贪下户货财[37]，将女许配，作贱骨肉，玷辱宗祊[38]。丧则惟竭力于衣衾棺椁，遵礼哀泣，棺内不得用金银玉物。弔者止款茶，途远待以素饭，不设酒筵。服未除，不嫁娶，不听乐，不与宴贺。衰绖不入公门[39]。葬必择地，避五鬼，不得泥风水邀福[40]，至有终身不葬，累世不葬。不得盗葬，不得侵祖葬，不得水葬，不得火化，犯律重罪。祭则聚精神，致孝享[41]，内外一心，长幼整肃。具物惟称家有无[42]，不得为非之礼。此皆孝子慈孙所当尽者。

注释

［1］ 机关：计谋，心机。

［2］ 歇家：旅舍。 撮弄：戏弄。

［3］ 胥皂：古代官府中的官吏。

［4］ 忘身：置生死于度外。

［5］ 客气：一时的意气，偏激的情绪。

［6］《经》：此指《十三经》中的《易经》。

［7］ 君子以作事谋始：语出《易·讼》。谋始，开始时就慎重考虑。

［8］ 闻官：闻，通“问”。闻官，即问官。

［9］《讼卦》：《易经》中的卦名。

［10］ 惕中吉，终凶：出自《易·讼》。大意是说，争讼时，心有戒惧，持中不偏，可获吉祥，如争讼不息，则有凶险。

［11］ 老氏：指老子。春秋时思想家，道家的创始人。关于

老子，其说不一。一说即老聃，姓李名耳，字伯阳，楚国苦县（今河南省鹿邑）人。曾任周朝管理藏书的史官。著有《老子》。　老氏三宝：据《老子·六十七章》载："我有三宝，持而保之：一曰慈，二曰俭，三曰不敢为天下先。"意思是，我有三个法宝，掌握并珍视它们。第一是慈爱，第二是节俭，第三是不敢走在天下人的前头。

[12] 造化：自然界的规律。

[13] 不逊宁固：《论语·述而》中有"奢则不孙，俭则固。与其不孙也，宁固"的话。大意是，奢华就显得不谦逊，省俭就显得简陋。与其不谦逊，宁可简陋。

[14] 世：世上的人。　顾：反而。

[15] 钻刺：钻营，谋求。

[16] 赂：赠送财物。此指聘礼。

[17] 发引：出殡时抬出灵柩。此指办理丧事。

[18] 倡优：古代称以音乐歌舞或杂技戏谑娱人的艺人。

[19] 击鲜：宰杀活的牲畜禽鱼，充作美食。

[20] 倡：所景仰学习的榜样。

[21] 庸众：常人，一般的人。

[22] 守望：看守瞭望。

[23] 彊（qiáng）：同"强"。强横。引申为强夺。

[24] 民族：一般百姓家族。

[25] 截：阻拦。

[26] 左道：邪门旁道。多指非正统的巫蛊、方术等。

[27] 儌（jiǎo）福：企求福祉。

[28] 日偷：日益衰败。

[29] 夫男：男子。

[30] 颁降（jiàng）：颁布。

［31］ 殽（yáo）：通“肴”。

［32］ 醮（qiáo）酒：奠酒，敬酒。

［33］ 直身：古代一种日常所穿的长衫。

［34］ 襕（lán）衫：古代士人之服。因其于衫下施横襕为裳，故称。 员领：即盘领衫。

［35］ 服妇：为丈夫服丧服的女子。

［36］ 及笄（jī）：笄，发簪。据《礼记·内则》载：“（女子）十有五年而笄。”后因称女子年满十五为及笄。

［37］ 无：用于句首。无意义。 下户：地位低下的人家。

［38］ 宗祊：宗庙，家庙。

［39］ 衰绖（cuī dié）：穿丧服。

［40］ 泥（nì）：滞留。邀福：祈求赐福。

［41］ 孝享：祭祀。

［42］ 具物：此指置备祭品。

后　记

中国自古以来重视家庭教育。在浩繁的古代典籍中，散佚着许多家训方面的著述。这些曾为前人教育后代发挥过重要作用的家训著作，在今天仍有其积极意义。为了弘扬中国民族文化，用传统美德教育青少年一代，给当今的家长提供可资借鉴的材料，我们编写了这套《中国历代家训丛书》。

编写《中国历代家训丛书》，我们从 1990 年开始酝酿。当时天津古籍出版社二编部的曹式哲主任，同我们一起论证选题，组织出版，既忙碌于前，又奔波于后，并同许大年编辑一起，认真审阅书稿。经过几年的努力，到 1994 年，书稿陆续付梓。连续出版了六册，终因出版方资金短缺等原因，遂于 1997 年停止出版。这之后，我们一直没有停止编写工作，仍在默默地研读家训，精心撰写和打磨书稿，做到善始善终。

十几年过去了，祖国大地国学热方兴未艾。在高科技飞速发展的今天，更需要用传统的人文精神滋养人们的灵魂。值此之际，天津古籍出版社张玮社长，以出版家的敏锐眼光，抓住良机，决定重新出版《中国历代家训丛书》，这套丛书重又付梓了。

编写这套丛书，占有资料是一个重要问题，但是，挖掘资料的工作难度很大。我同贺恒祯、夏春田同志四处奔波，求得一些单位和友人的帮助，在当时检索手段还比较陈旧的条件下，大量翻阅古书，广泛查检文献，才将散佚在众多古代典籍中的重要家训资料基本搜集齐备。在此基础上，一道合作的朋友推举本人担任这套丛书的主编。于是，我便着手起草编写丛书的整体构想和具体意见。经过反复推敲，拟成了一套完备的选题计划。这套丛书计有：《颜氏家训》《温公家范》《袁氏世范》《双节堂庸训》《帝王家训》《名臣家训》《名人家训》《历朝母训》《家庭训语》《家训要言》《蒙训辑要》《古代家规》，凡十二册。之后，拟定编写体例，选择、整理资料，逐册进行编排。此后，组织标点、注释工作。稿成之后，又全面校阅书稿，修改润色文字，逐册统一体例，最后编定全书。本人才疏识浅，担任这套丛书的主编，深感心力不足，好在诸位同仁鼎力合作，才使本书编写工作得以顺利完成。在此，特向诚心合作的朋友们致谢！

丛书各分册所选家训，均采取依时间顺序进行编排。大多家训都是完整的著作；少数从别处撷取来的家训片段，为了便于读者阅读，我们加拟了标题。为了保证丛书的质量，特邀请专家学者对书稿进行标点、注释。注释采用按章节分段见注的体例。对生疏字词、人名、地名、称谓、官职、历史典故、重要引文及难懂的句子，都尽量作注。注释力求简明精炼，通俗易懂，并吸收了一些先贤和当代学者的研究成果，谨此致谢，恕不一一注明。有些著作版本较多，我们作了必要的校订工作。对原著中有明显封建糟粕的地方，作了必要说明。为了便于读者阅读，每分册前面都写有“前言”，主要评介本分册所选家训著作的思想内容。

本书重新出版，得到了天津古籍出版社领导和同志们的热情支持和大力襄助。张玮社长抓住机遇，力推本书，成就出版之事；陈一飞主任组织出版、发行和协调各方关系，付出了大量心血；编辑和特邀编辑认真审阅书稿，提出了许多宝贵、中肯的意见，使本书避免了许多疏漏与错误。特于此志其劳绩，并深表谢忱！

还应特别提及的是，中国社会科学院学部委员、中国哲学史学会名誉会长、中国社会科学院研究生院教授、哲学家方克立先生，在繁忙的教学、科研工作中，抽时间为丛书作序，并多所指教，给丛书增色甚多，在此深致谢意！

由于功力所限，本书谬误恐在在多有，敬请专家和读者指正。

夏家善

2015年10月8日